ullstein

FLORIAN FREISTETTER, geboren 1977, hat an der Universität Wien Astronomie studiert. 2008 rief er das Astronomie-Blog Astrodicticum simplex ins Leben, das zu den meistgelesenen deutschen Wissenschaftsblogs gehört. Sein Podcast »Sternengeschichten« zählt zu den erfolgreichsten Wissenschaftspodcasts in deutscher Sprache. Zuvor erschienen u.a. *Der Komet im Cocktailglas. Wie Astronomie unseren Alltag bestimmt* (2013), ausgezeichnet mit dem Preis »Wissenschaftsbuch des Jahres 2014«, *Newton – Wie ein Arschloch das Universum neu erfand* (2017) sowie zuletzt, zusammen mit Helmut Jungwirth, *Eine Geschichte der Welt in 100 Mikroorganismen* (2021). 2015 wurde er festes Mitglied der Wissenschaftskabarettgruppe Science Busters.

Florian
FREISTETTER

Eine Geschichte des Universums in 100 STERNEN

Ullstein

Besuchen Sie uns im Internet:
www.ullstein.de

Wir verpflichten uns zu Nachhaltigkeit
- Papiere aus nachhaltiger Waldwirtschaft und anderen kontrollierten Quellen
- ullstein.de/nachhaltigkeit

FSC
www.fsc.org
MIX
Papier | Fördert gute Waldnutzung
FSC® C021394

Ungekürzte Lizenzausgabe im Ullstein Taschenbuch
1. Auflage Dezember 2023

Umschlaggestaltung: zero-media.net, München unter Verwendung einer Vorlage von Anzinger und Rasp, München
Titelabbildung: © Iefym Turkin/iStock
Satz: Satz für Satz, Wangen im Allgäu
Gesetzt aus Janson MT Pro
Druck und Bindearbeiten: ScandBook, Litauen
ISBN 978-3-548-06879-4

Eine Geschichte des Universums in 100 Sternen

Reichen 100 Sterne für eine Geschichte des ganzen Universums? Nein – der Kosmos ist sehr viel größer, als wir es uns vorstellen können, und er enthält eine ebenso unvorstellbar große Anzahl von Sternen. Wie viele es tatsächlich sind, ist das Thema einer der 100 Geschichten dieses Buchs, die zusammengenommen eine der vielen möglichen Geschichten des Universums erzählen.

Dieses Buch soll kein reines Inventar des Kosmos sein. Natürlich erfährt man alles über Sterne, Galaxien, Planeten und all die anderen Himmelskörper und Phänomene, denen man im Universum begegnen kann. Wir werden auf Sterne treffen, die von galaktischen Kollisionen erzählen und uns verraten, wie ein Schwarzes Loch funktioniert. Sterne, die von Planeten umkreist werden, die seltsamer sind als alles, was die Science-Fiction zu bieten hat. Manche Sterne erlauben uns einen Blick auf den Anfang des Universums, und andere können uns zeigen, wie seine Zukunft aussehen wird.

Aber eine Geschichte des Universums ist immer auch eine Geschichte über uns Menschen. Seit es uns gibt, übt der Himmel eine unstillbare Faszination auf uns aus. Die Sterne haben unsere Kultur beeinflusst, unser Denken, und uns zu dem gemacht, was wir heute sind. Deswegen spielen auch all die Wissenschaftlerinnen und Wissenschaftler eine Rolle, die in der Vergangenheit unser Wissen über das Universum erweitert haben. Die Sterne erzählen die Geschichten bekannter Persönlichkeiten wie Isaac Newton oder Albert Einstein ebenso wie die von Menschen, die kaum jemand kennt: von Dorrit

Hoffleit, die die Antwort auf die Frage »Weißt du, wie viel Sternlein stehen?« gefunden hat. Von Henrietta Swan Leavitt, dank derer wir wissen, wie groß der Kosmos ist. Von Amina Helmi und ihrer Erforschung stellarer Fossilien. Von Cecilia Payne, die herausfand, woraus Sterne bestehen. Und von Georg von Peuerbach, der dem heliozentrischen Weltbild den Weg bereitete, und James Bradley, der ein für alle Mal zeigte, dass die Erde sich um die Sonne bewegt. Sie und all die anderen Menschen, die in diesem Buch auftauchen, haben dafür gesorgt, dass wir den Nachthimmel nicht nur bewundern, sondern auch verstehen können.

Das Licht der Sterne hat uns verraten, wie alles vor 13,8 Milliarden Jahren seinen Anfang genommen hat, wie unsere Sonne entstanden ist und der Planet, auf dem wir leben. Es hat uns Mythen erfinden und Geschichten erzählen lassen, uns zu technologischen Höchstleistungen angespornt und zum philosophischen Nachdenken über das, was uns ausmacht. Heute treibt es uns dazu an, die Antwort auf die Frage zu finden, ob wir allein im Universum sind und wie unsere Zukunft im Kosmos aussehen könnte.

Die 100 Sterne, die ich für dieses Buch ausgewählt habe, haben kaum etwas gemeinsam. Manche sind hell und seit Jahrtausenden Teil der Geschichten, die Menschen sich über den Himmel erzählen. Manche leuchten so schwach, dass sie nur mit den größten Teleskopen zu erkennen sind. Einige tragen prominente Namen, andere nur Katalogbezeichnungen voller Zahlen und Buchstaben. Es sind große Sterne, kleine Sterne, nahe Sterne und ferne Sterne. Manche Geschichten handeln von Sternen, die erst noch entstehen müssen, andere von solchen, die schon längst gestorben sind.

Die Sterne sind so vielfältig wie das Universum selbst. Jeder Stern erzählt seine ganz eigene Geschichte, und zusammen erzählen sie die Geschichte der ganzen Welt. Genauso kann auch dieses Buch gelesen werden: Man kann es zu Beginn eines beliebigen Kapitels aufschlagen und sich in eine Teilgeschichte des Universums vertiefen, denn jedes Kapitel ist so konzipiert, dass es unabhängig von den anderen gelesen werden kann. Oder aber man beginnt am Anfang, liest bis zum Ende und dringt mit jeder einzelnen Geschichte tiefer in die Geheimnisse des Universums ein.

Die Geschichte des Universums ist zu komplex, um von einem einzigen Menschen in einem einzigen Buch aufgeschrieben zu werden. Aber die Version, die sich mithilfe der hier ausgewählten 100 Sterne erzählen lässt, gehört zu den größten Geschichten, die man über das Universum erzählen kann. Es ist die Geschichte all der Menschen, die im Laufe der Jahrtausende versucht haben, die Welt zu verstehen, in der sie leben, und die Geschichte der faszinierenden Erkenntnisse, die sie dabei gewonnen haben. Viel Spaß bei der Reise durch den Kosmos.

1

Hikoboshi

Der Rinderhirte und
die himmlische Weberin

Der hellste Stern im Sternbild Adler ist schwer zu übersehen. Er ist nur 16 Lichtjahre von uns entfernt, hat eine Leuchtkraft, die elfmal größer ist als die der Sonne, und ist der zwölfthellste Stern an unserem Nachthimmel. Sein offizieller Name lautet »Altair«, und wie so viele andere Sternnamen stammt er aus dem Arabischen.

Im 8. und 9. Jahrhundert griffen arabische Astronomen das Wissen der griechischen Antike auf, erweiterten es und brachten eigene Übersetzungen der klassischen Werke heraus. Als dann die Gelehrten des mittelalterlichen Europa ihrerseits diese arabischen Texte übersetzten, übernahmen sie dabei auch die Bezeichnungen für die Sterne. So wurde aus al-nesr al-tā'ir (»der fliegende Adler«) der heute immer noch gültige Name Altair.

So gut wie alle hellen Sterne am Himmel tragen Namen, die aus dem Arabischen stammen, wie etwa Ras Algethi, Algol, Dschubba, Fomalhaut, Mizar, Zuben-el-dschenubi und viele mehr. Einige wenige tragen lateinische Bezeichnungen, zum Beispiel Polaris, Regulus und Capella. Aber auch wenn die westliche Kultur fest auf dem Fundament der griechisch-römischen Antike und ihrer arabischen Rezeption ruht, dürfen wir über dieser Dominanz nicht vergessen, dass der Himmel zu allen Zeiten von allen Menschen beobachtet worden ist.

Jedes Volk hat seine eigenen Namen für die Sterne und erzählt seine eigenen Geschichten. In Japan kennt man Altair zum Beispiel als »Hikoboshi« und feiert ihm zu Ehren jedes Jahr am 7. Juli ein eigenes Fest. Beziehungsweise: ein Fest zu Ehren von Hikoboshi und Orihime – dem Kuhhirten und der Weberin. Ihre Geschichte geht auf eine chinesische Volkssage zurück, die mindestens 2600 Jahre alt ist.

Orihime, die Tochter des Himmelsgottes Tentei, ist damit beschäftigt, Stoff für die Gewänder der Götter zu weben. Um seiner Tochter ein wenig Abwechslung von der Arbeit zu verschaffen, verkuppelt Tentei sie mit dem Rinderhirten Hikoboshi. Aber wie das eben so ist bei jungen Leuten, vergessen sie vor lauter Liebe die Arbeit. Die Kühe laufen unbeaufsichtigt durch die Gegend, und die Götter warten vergeblich auf den Stoff für ihre Kleidung. Tentei muss einschreiten und die beiden trennen. Sie werden auf verschiedene Seiten von Amanogawa verbannt, dem großen Himmelsfluss. Aber auch jetzt bleibt die Arbeit liegen, denn Orihime und Hikoboshi sind viel zu unglücklich, um sich auf ihre Aufgaben konzentrieren zu können. Deswegen ist es ihnen erlaubt, sich einmal im Jahr zu treffen – immer am 7. Tag des 7. Monats. Als sich die beiden Liebenden aber das erste Mal besuchen wollen, fehlt eine Brücke über den Himmelsfluss. Orihime beginnt daraufhin so heftig zu weinen, dass ein großer Schwarm Elstern Mitleid mit ihr hat. Mit ihren Flügeln bilden sie eine Brücke über Amanogawa und versprechen dem Paar, ihnen diesen Gefallen auch in Zukunft jedes Jahr zu tun – sofern es am 7. Tag des 7. Monats nicht regnet und der Himmelsfluss nicht zu viel Wasser führt.

Die tragische Liebesgeschichte und ihr Happy End kann man auch heute noch am Himmel betrachten. Hikoboshi ist, wie schon gesagt, der Stern Altair. Orihime, die himmlische Weberin, wird durch den hellen Stern Wega repräsentiert.

Und so wie in der Sage kann man zwischen ihnen die Milchstraße sehen – den Himmelsfluss Amanogawa. Wer ganz genau hinsieht, kann sogar die hilfreichen Elstern erkennen. Denn tatsächlich sind Teile der zwischen Wega und Altair sichtbaren Region der Milchstraße von großen interstellaren Staubwolken verdeckt, und ein dunkler Streifen zieht sich über den »Himmelsfluss«.

Orihime und Hikoboshi kann man im Sommer besonders gut und hoch am Himmel stehen sehen. Genau dann, wenn in Japan das Tanabata-Fest gefeiert wird. Man erinnert sich an die Geschichte des Hirten und der Weberin, stellt Bambusbäume auf und hängt daran Zettel mit Wünschen auf, die man gerne erfüllt sehen will.

Schon lange bevor wir wussten, was es mit den Sternen auf sich hat, haben sie uns zu Geschichten inspiriert. Der Himmel ist voll damit, und wir sollten keine davon vergessen. Denn genauso wie die Sterne uns etwas über das Universum erzählen, erzählen uns unsere Geschichten über sie etwas über uns selbst.

2

2MASS J18082002-5104378 B

Ein Blick auf den Urknall

Der Stern 2MASS J18082002-5104378B ist viel spannender, als es seine eher unhandliche Bezeichnung vermuten lassen würde. Es handelt sich um einen kleinen roten Zwergstern, knapp 2000 Lichtjahre von der Erde entfernt, der uns einen kurzen Blick direkt auf den Anfang des Universums erlaubt.

Als das Universum vor 13,8 Milliarden Jahren entstand, gab es noch nichts. Oder vielmehr: Es gab potenziell alles, aber noch nicht in der heutigen Form. Heute ist das Universum voll mit komplizierten Dingen aus Materie. Es gibt große heiße Kugeln aus Gas, die von kleineren kühlen Kugeln umkreist werden, auf denen sich wiederum (zumindest in einem Fall) noch kleinere Wesen breitgemacht haben, die zumindest in Ausnahmefällen kugelsymmetrisch sind. Die Materie und die vielen verschiedenen Arten der Atome, aus denen all das besteht, existierten zu Beginn des Universums allerdings noch nicht.

Über den Moment des Urknalls selbst können wir noch keine verbindlichen Aussagen treffen – von der Zeit unmittelbar danach haben wir aber recht genaue Vorstellungen. Am Anfang war es enorm heiß, und alles, was es gab, waren Energie und Elementarteilchen. Diese mussten sich erst zu den Atomen, wie wir sie heute kennen, zusammensetzen, und das war gar nicht so einfach. Ein Atom besteht aus einer Hülle und einem Atomkern, der aus elektrisch positiv geladenen Protonen und ungeladenen Neutronen aufgebaut ist. Diese wiederum bestehen aus Quarks, bei denen es sich unserem aktuellen Kenntnisstand zufolge tatsächlich um Elementarteilchen handelt, also um subatomare Teilchen, die selbst nicht in andere Teilchen zerfallen.

Die Zahl der Protonen im Atomkern bestimmt, um welches chemische Element es sich handelt. Ein Proton ergibt den Kern eines Wasserstoffatoms, zwei braucht man für Helium, drei für Lithium und so weiter. Die Zahl der Neutronen in einem Atomkern kann dagegen variieren und verändert die grundlegenden chemischen Eigenschaften eines Elements nicht. Für ein vollständiges Atom braucht es um den Kern herum außerdem noch eine Hülle, die aus den elementaren und elektrisch negativ geladenen Elektronen besteht.

Damit Atome dieser Art stabil existieren können, sind gewisse äußere Bedingungen notwendig, die sich in unserem Universum erst im Lauf der Zeit eingestellt haben. Im sehr jungen Universum war es noch viel zu heiß, sodass Quarks und Elektronen sich aufgrund der enormen Temperaturen viel zu schnell bewegten, als dass aus ihnen stabile Atome hätte entstehen können. Zum Glück kühlte der Kosmos jedoch rasant ab. Schon nach einer Hundertstelsekunde herrschten im neugeborenen Universum nur noch frische 10 Milliarden Grad Celsius, und das reichte den Quarks, um sich zu Protonen und Neutronen zu verbinden. Ein wenig später konnten diese dann auch die ersten Atomkerne und damit die ersten chemischen Elemente bilden.

Wasserstoff ist ganz einfach; dafür muss gar nichts weiter passieren, denn ein Proton bildet bereits einen fertigen Wasserstoffatomkern. Für Heliumkerne müssen sich jedoch zwei Protonen und dazu noch zwei Neutronen im Teilchengewirr des jungen Universums finden und zusammentun. Das Problem dabei: Ein allein durchs Universum fliegendes Neutron ist – im Gegensatz zu einem Proton – nicht stabil. Es zerfällt innerhalb weniger Minuten aufgrund radioaktiver Kräfte. Nach dem Urknall hatten Protonen und Neutronen also auch nur wenige Minuten Zeit, einander zu finden und sich zu Atomkernen zu verbinden.

In dieser kurzen Zeit konnten sich keine komplexen Kerne bilden. Es gab im frühen Universum daher entsprechend viele Atomkerne des Wasserstoffs (75 %) und etwas weniger des Heliums (25 %), dazu noch hier und da vereinzelte Lithium- und Beryllium-Atomkerne in verschwindend geringen Mengen.

Dieses Mengenverhältnis der chemischen Elemente sagen zumindest die kosmologischen Theorien voraus, mit denen zurzeit der Urknall beschrieben wird. Ob sie korrekt sind, kann nur durch Beobachtung überprüft werden – zum Beispiel an sehr alten Sternen. Die allerersten Sterne des Universums konnten logischerweise nur aus den Elementen bestehen, die damals vorhanden waren: aus Wasserstoff und Helium, und zwar im vorhergesagten Verhältnis. All die anderen chemischen Elemente sind erst später durch Kernfusion im Inneren von Sternen entstanden. Je älter ein Stern ist, desto genauer muss seine Zusammensetzung also dem errechneten Massenverhältnis nach dem Urknall entsprechen.

Und genau das ist es auch, was wir beobachten. 2MASS J18082002-5104378 B ist einer der ältesten Sterne, die wir kennen – vielleicht sogar der älteste. Er entstand nur ein paar Hundert Millionen Jahre nach dem Urknall. Und besteht tatsächlich fast ausschließlich aus Wasserstoff und Helium in genau dem Verhältnis, das zu erwarten war.

Es scheint kaum vorstellbar, dass wir wirklich konkrete Aussagen über den unvorstellbar weit zurückliegenden Anfang des Universums treffen können. Aber dank Sternen wie diesem sind solche Aussagen keine Science-Fiction. Wir können unsere Theorie überprüfen und einen kurzen Blick auf den Moment werfen, in dem unser Kosmos seinen Anfang genommen hat.

3

34 Tauri

Der Planet, der mal ein Stern war

Den Stern 34 Tauri gibt es nicht. Mit seiner Beobachtung hätte der britische Astronom John Flamsteed aber trotzdem weltberühmt werden können. Wenn er denn erkannt hätte, was er da wirklich am Himmel sah.

Zu Beginn des 18. Jahrhunderts arbeitete der königliche Astronom an der Sternwarte von Greenwich an der Erstellung einer großen Himmelskarte. Dazu musste er den Himmel systematisch absuchen und alle Sterne mit ihren Positionen in einen Katalog eintragen. Eigentlich die ideale Ausgangsposition für neue Entdeckungen.

Einer der Sterne, die er in seinen Katalog aufnahm, bekam den Namen »34 Tauri«. Nur dass es sich nicht um einen Stern handelte – sondern um den Planeten Uranus, von dessen Existenz damals noch niemand wusste. Uranus zieht seine Runden um die Sonne weit außerhalb der Bahn des Saturn. Er ist mit bloßem Auge so gut wie nicht zu sehen und auch im Teleskop kaum von einem Stern zu unterscheiden. Aber im Laufe mehrerer Tage verändert er im Gegensatz zu den echten Sternen seine Position merkbar.

Es ist noch verständlich, dass Flamsteed die wahre Natur des Lichtpunkts bei seinen ersten Forschungen entgangen ist. Zwischen den Beobachtungen lagen mehrere Jahre; dass ihm dabei nicht aufgefallen ist, dass es sich immer um dasselbe Objekt handelt, das seine Position am Himmel veränderte, ist zumindest nachvollziehbar. Sein Teleskop war zudem nicht gut genug, um ihm den Planeten als kleine Scheibe zu zeigen. Er sah nur einen Punkt, der genauso aussah wie all die anderen Punkte am Himmel.

Als er aber im März 1715 den Uranus innerhalb einer Woche gleich dreimal im Sichtfeld seines Teleskops hatte, hätte er eigentlich merken müssen, dass sich hier etwas bewegte vor dem Hintergrund der Sterne. Hat er aber nicht – und weil er bei der Auswertung seiner Daten nicht sorgfältig genug arbeitete, entging ihm somit der Ruhm, als erster Mensch einen neuen Planeten gefunden zu haben. Dieses tragische Schicksal teilt er mit einigen anderen Beinahe-Entdeckern des Uranus, wie etwa dem deutschen Astronomen Tobias Mayer, der den Planeten ebenfalls registrierte, aber nicht erkannte, womit er es zu tun hatte.

Das gelang erst 66 Jahre später dem britischen Astronomen Wilhelm Herschel. Als der am 13. März 1781 von seinem Garten aus die Gegend um das Sternbild Stier herum beobachtete, bemerkte er einen Lichtpunkt, der da eigentlich nicht hingehörte. Herschel baute seine Teleskope selbst, und er baute sie besser als alle anderen. Damit konnte er erkennen, dass er es nicht mit einem Stern zu tun hatte. Zuerst hielt er das Objekt noch für einen Kometen; Berechnungen seiner Kollegen zeigten aber schon bald, dass es sich um einen Planeten handeln musste, der die Sonne in einer 19-mal größeren Entfernung umrundet, als es die Erde tut.

Diese Entdeckung war eine Sensation. Bis dahin kannte man nur die sechs Planeten, die man mit bloßem Auge sehen konnte: Merkur, Venus, Erde, Mars, Jupiter und Saturn. Niemand ging davon aus, dass noch mehr große Himmelskörper ihre Runden um die Sonne ziehen könnten. Herschels Entdeckung des Uranus verdoppelte mit einem Schlag die Größe des bekannten Sonnensystems, und erst sie öffnete den Menschen die Augen für das, was in der Astronomie noch alles möglich war.

Da draußen warteten noch viele neue Welten auf ihre Entdeckung, und Herschels Planet war erst der Anfang. Man fand die Asteroiden, man fand Neptun und Pluto, und man fand irgendwann sogar die Planeten anderer Sterne. Und wenn John Flamsteed ein klein wenig sorgfältiger gewesen wäre, hätten wir schon 66 Jahre früher mit dem Entdecken beginnen können.

4

Alkione

Georg von Peuerbach und der Anfang einer Revolution

Den Wechsel vom geozentrischen zum heliozentrischen Weltbild datieren wir heute meistens in die ersten Jahrzehnte des 17. Jahrhunderts, als Galileo Galilei und Johannes Kepler mit ihren neuen Erkenntnissen zeigten, dass sich die Erde um die Sonne bewegt und nicht im Zentrum des Universums steht. Aber jede Revolution hat ihre Vorgeschichte.

Schon Aristarch von Samos vermutete im 3. Jahrhundert vor Christus, dass die Erde nicht bewegungslos im Mittelpunkt des Kosmos verharrt. Aber hier lassen wir die Vorgeschichte am 3. September 1457 beginnen. Damals standen Georg von Peuerbach und sein Schüler Regiomontanus in der niederösterreichischen Stadt Melk zusammen und beobachteten den Stern Alkione. Dass die Aufmerksamkeit der beiden Astronomen nicht ausschließlich der gerade ebenfalls stattfindenden Mondfinsternis galt, hatte einen guten Grund. Sie wollten nicht nur sehen, wie der Schatten der Erde den Vollmond verdunkelte, sondern auch ganz genau wissen, wann das passiert. Die Uhren im 15. Jahrhundert waren allerdings nicht sehr genau, weswegen sie sich der großen Uhr des Himmels bedienten. Und dazu musste man Ahnung von Sternen haben.

Georg von Peuerbach hatte sein Studium an der Universität erst recht spät begonnen, im Alter von 23 Jahren. Aber schon drei Jahre danach hielt er Vorlesungen an italienischen Hochschulen und wurde schließlich an der Universität Wien der (vermutlich) erste Professor speziell für Astronomie. Dort war er mit der Erstellung astronomischer Tafeln beschäftigt: So bezeichnete man die langen Tabellen mit Formeln und Zahlen, aus denen man die Position von Sonne, Mond und den Planeten am Himmel berechnen konnte.

Um die Daten in den Tafelwerken überprüfen zu können, waren konkrete Messungen nötig. Dazu brauchte es klar definierbare und vorhersagbare Ereignisse am Himmel – zum Beispiel die Bedeckung eines Planeten durch den Mond oder eben eine Mondfinsternis, wie sie am 3. September 1457 stattfand. Um die Genauigkeit der Berechnungen zu kontrollieren, musste der Zeitpunkt bestimmt werden, an dem das Ereignis stattfand.

Georg von Peuerbach nutzte dazu die Tatsache, dass sich die Erde einmal pro Tag um ihre Achse dreht. Oder, wie man es damals noch sah, dass sich der Sternenhimmel einmal pro Tag um die im Zentrum des Universums ruhende Erde bewegt. Aber egal, wie man es betrachtet: Man kann sehen, wie ein Stern im Laufe der Nacht am Himmel immer höher steigt und dann wieder sinkt, nachdem er seinen höchsten Punkt erreicht hat. Das tut er mit einer konstanten Geschwindigkeit, die der Geschwindigkeit entspricht, mit der sich die Erde um ihre Achse dreht. Misst man, wie hoch ein Stern über dem Horizont steht, kann man damit gleichzeitig den Verlauf der Zeit messen – und genau deswegen hatten Georg von Peuerbach und Regiomontanus Alkione im Blick. Dieser hell leuchtende Stern ist Teil des markanten Sternhaufens der Plejaden. Man kann ihn auch ohne Teleskop sehr gut sehen, was damals recht praktisch war. Denn die beiden Forscher hatten natürlich noch kein solches optisches Instrument zur Verfügung; das wurde erst 150 Jahre später erfunden.

Aber auch so konnte Peuerbach feststellen, dass die Vorhersagen der klassischen Tafelwerke nicht so exakt waren, wie man es gerne hätte. Er begann die astronomischen Tafeln zu korrigieren, entwickelte mathematische Methoden zu ihrer Verbesserung und baute Geräte, mit denen man die Position von Sternen genauer bestimmen konnte als zuvor. Wegen seines recht frühen Todes im Jahr 1461 konnte er diese Arbeit nicht vollenden; das erledigte Regiomontanus, der eigentlich Johann Müller hieß und seinen späteren Namen der lateinischen Übersetzung seines Geburtsortes Königsberg in Bayern verdankt. Er setzte das Werk seines Lehrers fort, stellte noch genauere Berechnungen an und entwickelte noch bessere mathematische Techniken. Auch er starb jung, im Jahr 1476, im Alter von 40 Jahren in Rom.

Drei Jahre zuvor wurde weit im Norden ein Junge mit dem Namen Niklas Koppernigk geboren. Von Regiomontanus und Peuerbach wusste er damals natürlich noch nichts, aber als er sich später selbst mit Astronomie beschäftigte, stützte er sich auf ihre Theorien und Daten über die Bewegung der Planeten. Heute kennen wir Koppernigk besser als »Nikolaus Kopernikus« und als den Mann, der erklärte, dass nicht die Erde, sondern die Sonne im Zentrum steht und von den Planeten umkreist wird. Dies wurde erst 1543, im Jahr seines Todes, veröffentlicht, und danach dauerte es immer noch mehr als ein halbes Jahrhundert, bis Galileo Galilei, Johannes Kepler und Isaac Newton mit ihrer Arbeit zeigen konnten, dass das geozentrische Weltbild tatsächlich nicht der Realität entsprach. Die »Kopernikanische Wende« hat also erst lange nach Kopernikus' Zeit stattgefunden. Und sie hat schon lange davor begonnen.

5

Freistetters Stern

Kann man Sternnamen kaufen?

»Freistetters Stern« gibt es nicht. Von all den Sternen am Himmel trägt keiner meinen Namen, und das wird sich mit ziemlicher Sicherheit auch nicht ändern. Persönlich finde ich das auch gar nicht so tragisch; mir macht es viel mehr Spaß, etwas über Himmelskörper herauszufinden, als mich mit meinem Namen am Himmel zu verewigen. Was im Übrigen auch gar nicht so einfach ist, wie es einem diverse Firmen im Internet weismachen wollen.

Da werden etwa »Sterntaufen mit Registereintrag und Zertifikat« angeboten. Für ein wenig Geld kann man sich einen der vielen Sterne am Himmel aussuchen und ihm einen Namen geben. Man kann ihn nach sich selbst benennen oder nach einem Menschen, dem man ein Geschenk machen will. Nach der Bezahlung, die im Allgemeinen umso höher ausfällt, je heller der Stern am Himmel zu sehen ist, wird dieser Name dann in »weltweit anerkannte Sterntaufenregister« oder ein »internationales Sternenregister« eingetragen. Man bekommt eine offiziell aussehende Urkunde und kann sich nun daran erfreuen, dass ein Stück des Universums von nun an einen ganz besonderen Namen trägt.

Freuen tun sich aber vor allem die Firmen, die diese Zertifikate verkaufen. Denn sie bieten ein Produkt an, das eigentlich gar nicht existiert. Die Sterne gehören niemandem, und niemand hat daher ein Recht darauf, ihre Namen zu verkaufen. Oder, wenn man es anders herum betrachtet: Jeder Mensch hat das Recht, sie zu benennen.

Das, was wir als »offizielle« Namen betrachten, sind nur die Bezeichnungen, auf die sich die Wissenschaft geeinigt hat und die sie für sich selbst als verbindlich betrachtet. Und sieht man von ein paar Hundert Sternen ab, die in der Antike und im Mittelalter ihre arabischen, griechischen und lateinischen Eigennamen bekommen haben, sind das vor allem diverse aus Zahlen und Buchstaben zusammengesetzte Katalogbezeichnungen. Für die Wissenschaft ist es viel wichtiger und praktischer, ein systematisches und einheitliches System zur Bezeichnung der Sterne zu haben, als ihnen poetische Namen zu verpassen.

Erst seit 2016 hat die Internationale Astronomische Union (IAU), die weltweite Vereinigung zur Förderung der astronomischen Forschung und Zusammenarbeit, eine eigene Arbeitsgruppe zur Benennung von Sternen gegründet. Ziel der Gruppe ist die Standardisierung der Eigennamen von Sternen und, bei Bedarf, die Vergabe von neuen Namen. Bis jetzt umfasst der Katalog von »offiziellen« Namen 330 Einträge, und darunter sind nur sechs, die den Namen einer Person tragen. Es gibt »Cervantes« und »Copernicus«, benannt nach dem spanischen Schriftsteller und dem berühmten Astronomen. »Barnards Stern«, benannt nach dem Astronomen Edward Emerson Barnard, der zu Beginn des 20. Jahrhunderts die schnelle Bewegung dieses Sterns entdeckte. »Cor Caroli«, das »Herz des Karl«, benannt nach dem englischen König Charles II., der hellste Stern im Sternbild der Jagdhunde. Und dann sind da noch »Sualocin« und »Rotanev« im Sternbild Delfin, die seit 1814 den rückwärts geschriebenen Namen des italienischen Astronomen Nicolaus Venator tragen, wobei niemand so genau weiß, wie es dazu gekommen ist.

Diese Sterne wurden schon vor langer Zeit nach Personen

benannt, und die Namen haben sich so weit eingebürgert, dass die IAU sie in ihren offiziellen Katalog aufgenommen hat. Daneben gibt es noch einige andere Sterne, die ebenfalls die Namen von Menschen tragen. Dabei handelt es sich um Astronominnen und Astronomen, die diese Himmelskörper erforscht haben und deren Namen als »inoffizielle« Spitznamen verwendet werden. Zum Beispiel »Tabbys Stern« (nach der Astronomin Tabetha Boyajian) für das Objekt mit der Katalogbezeichnung »KIC 8462852«, das 2015 so viel Aufmerksamkeit erregt hatte, weil man dort seltsame Helligkeitsschwankungen beobachtete, die manche auf die Aktivität von Außerirdischen zurückführen wollten.

Wenn diese Spitznamen ausreichend lange und von ausreichend vielen Leuten in der Wissenschaft verwendet werden, kann es gut sein, dass auch sie irgendwann einmal von der IAU offiziell anerkannt werden. Aber selbst dann hat das nichts mit den »Sternenregistern« der kommerziellen Anbieter zu tun. Alles, was man dort für sein Geld bekommt, ist ein Eintrag in irgendeiner Firmendatenbank. Der ist weder für irgendwen verbindlich, noch ist er eindeutig, denn niemand kann die Firmen daran hindern, mehrere Namen für ein und denselben Stern zu verkaufen. Anstatt also Geld für eine nicht verbindliche »Sterntaufe« auszugeben, kann man auch einfach das tun, was die Menschen immer schon getan haben. Den Anblick des Nachthimmels genießen und sich eigene Geschichten und Namen zu den Sternen und Sternbildern ausdenken. Niemand kann uns daran hindern. Der Himmel gehört uns allen.

6

HR0001

Frau Hoffleit zählt die Sterne

»Weißt du, wie viel Sternlein stehen?«, fragt das bekannte Kinderlied, das 1837 vom evangelischen Pfarrer Wilhelm Hey aus dem thüringischen Leina verfasst wurde. Hey liefert auch gleich die Antwort. Beziehungsweise so etwas Ähnliches wie eine Antwort: »Gott, der Herr hat sie gezählet«, heißt es im Text weiter – zu welchem Ergebnis der Schöpfer bei seiner kosmischen Inventur gekommen ist, verrät er aber leider nicht.

Wo die Theologie nicht weiter weiß, kann die Astronomie helfen. Astronominnen und Astronomen tun allerdings viel mehr, als die Sterne am Himmel nur zu zählen. Sie wollen sie in allen Details verstehen. Um das zu tun, müssen sie die Sterne jedoch zunächst einmal katalogisieren. Am Anfang jeder astronomischen Arbeit steht daher ein Katalog, der möglichst viele Eigenschaften möglichst vieler Sterne in sich versammelt. Man muss wissen, wo sich ein Stern befindet, wie hell er leuchtet und wie schnell er sich bewegt, wenn man zum Beispiel seine Masse berechnen oder sein Alter bestimmen will. Kataloge wirken langweilig, sind aber das Fundament, auf dem unser Wissen über das Universum ruht.

Am 25. April 2018 wurde dieses Fundament massiv erweitert. Das Weltraumteleskop GAIA veröffentlichte den GAIA-DR2-Katalog, der immerhin 1 692 919 135 Sterne auflistet. Das ist eine beeindruckende Zahl und eine deutliche Verbesserung zu den »nur« 2,5 Millionen Sternen, die man zuvor im umfangreichsten Sternenkatalog (Tycho-2) finden konnte. Andererseits besteht allein unsere Milchstraße aus ein paar Hundert Milliarden Sternen. Der enorme GAIA-Katalog enthält also nur circa ein Prozent dessen, was wirklich da draußen zu finden ist. Noch viel weniger, wenn wir all die anderen Galaxien im Universum berücksichtigen. Bis zu einer Billiarde dieser Sternensysteme gibt es im sichtbaren Kosmos, und jedes davon besteht aus Hunderten Milliarden von Sternen.

Am Himmel finden wir also insgesamt ein paar Hundert Quadrillionen Sterne. Theoretisch zumindest, denn in der Praxis können wir die meisten davon nicht sehen. Dafür sind unsere Teleskope zu schwach und zu klein. In absehbarer Zukunft können wir nur darauf hoffen, das Wissen über die Sterne unserer eigenen Galaxie zu vertiefen – und selbst hier erscheint es unwahrscheinlich, dass wir irgendwann all die Milliarden Sterne der Milchstraße vollständig aufgelistet und gezählt haben werden.

Bleiben wir stattdessen lieber bei den Sternen, die wir ohne Teleskope sehen können. Unsere Augen sind zwar schwach, aber in einer klaren Nacht durchaus in der Lage, einen beeindruckenden Sternenhimmel zu beobachten, sofern die künstliche Beleuchtung unserer Städte die natürlichen Lichtquellen nicht überstrahlt. In einer typischen mitteleuropäischen Stadt wäre »Gott, der Herr« schnell fertig mit dem Zählen: Nur knapp drei Dutzend Sterne sind es, die man in stark besiedelten und beleuchteten Gebieten noch erkennen kann.

Wie es unter optimalen Bedingungen aussehen könnte, zeigt uns ein Blick in den »Yale Catalogue of Bright Stars«. Den hat die amerikanische Astronomin Dorrit Hoffleit im Jahr 1956 zusammengestellt. Sie hat dort alle Sterne gelistet, die zumindest theoretisch mit bloßem Auge zu sehen sind. Der lange Katalog beginnt mit dem Stern HR0001, der ungefähr 530 Lichtjahre von der Erde entfernt liegt und so schwach leuchtet, dass man schon wirklich sehr gute Augen haben muss, wenn man ihn noch erkennen möchte. Insgesamt findet man im Katalog 9095 Sterne – zusammen mit allen damals bekannten und relevanten Daten über sie.

Die wissenschaftlich korrekte Antwort auf die Frage »Weißt du, wie viel Sternlein stehen?« muss also lauten: Nein. Das weiß niemand. Sehr, sehr viele auf jeden Fall. Sehen kann man davon mit bloßem Auge aber nur 9095 Stück – und die hat auch nicht Gott der Herr gezählet, sondern Dorrit Hoffleit von der Yale University.

7

Wega

Der unterschätzte Staub

Staub braucht ein besseres Image! Waschanlagen, Staubwedel, Staubsauger: Hier auf der Erde haben wir eine ganze Industrie entwickelt, um ihn loszuwerden, aus unseren Wohnungen, unseren Autos, von unserer Kleidung. Astronominnen und Astronomen dagegen lieben Staub. Sofern er weit draußen im All ist zumindest; ihre Instrumente halten sie durchaus auch gerne sehr sauber.

Der kosmische Staub ist eine einzigartige Informationsquelle, wie der Astronom Hartmut Aumann und seine Kollegen im Jahr 1984 eindrucksvoll unter Beweis stellten. Sie nutzten IRAS, den »Infrared Astronomical Satellite«, um den Stern Wega zu untersuchen. Der Hauptstern im Sternbild Leier, der fünfthellste Stern an unserem Nachthimmel und seit Jahrtausenden das Ziel astronomischer Aufmerksamkeit, stand auch auf der Liste der Sterne, die mit dem neuen Weltraumteleskop in Augenschein genommen werden sollten.

Infrarotstrahlung, also der für unsere Augen nicht sichtbare Teil des Lichts, der im Spektrum noch hinter dem roten Teil des Regenbogens angesiedelt ist, kann die Atmosphäre der Erde nur sehr schwer durchdringen. Sie wird durch das Wasser in unserer Lufthülle blockiert. Um sie zu beobachten, müssen wir ins Weltall, wo nichts unseren Blick stört. IRAS war das erste große Weltraumteleskop, das den Himmel mit Infrarotaugen untersuchen sollte. Denn dort gibt es jede Menge zu sehen, was unseren Augen zwangsläufig entgeht.

Sterne strahlen nicht nur sichtbares Licht ab; sie leuchten in allen Farben – auch denen, die wir mit unseren Augen nicht sehen können. Auch Objekte wie Kometen und Asteroiden werden von der Sonne erwärmt und geben die Wärme in Form von Infrarotstrahlung wieder ab. Und dann ist da noch der Staub: Überall im Universum, zwischen den Planeten, zwischen den Sternen und auch zwischen den Galaxien befindet sich der kosmische Kleinkram, aus dem neue Sterne und andere Himmelskörper entstehen können.

Als die ersten Daten von IRAS auf der Erde eintrafen, war man ein wenig irritiert. Einige Sterne leuchteten im Infrarotlicht heller, als sie es eigentlich tun sollten. Wie viel Energie ein Stern bei einer bestimmten Farbe des Lichts abstrahlt, folgt klar definierten Gesetzen. Man kann sehr genau berechnen und vorhersagen, wie viel rotes, blaues, grünes oder eben auch infrarotes Licht von einem bestimmten Stern mit einer bestimmten Masse und Temperatur abgegeben werden sollte. Nur: Einige Sterne hielten sich offenbar nicht an diese Vorhersage, ganz besonders Wega.

Hier war ein Phänomen zu beobachten, das mit dem unhandlichen Begriff »Infrarotexzess« bezeichnet wird, was nichts anderes meint als »Zu viel Infrarotstrahlung!«. Hartmut Aumann und seine Kollegen kamen der Ursache jedoch schnell auf die Schliche: Es lag am Staub. Die winzigen Staubteilchen können wir natürlich nicht direkt sehen, aber wenn sie sich in der Nähe eines Sterns aufhalten, dann werden sie von seiner Strahlung erwärmt und geben diese Wärme dann in Form von Infrarotstrahlung wieder ab. Insgesamt hat es dann den Anschein, als würde der Stern heller im Infrarotlicht leuchten, als er sollte.

Wega war also von einer großen Scheibe aus Staub umgeben! Staub kommt aber nicht aus dem Nichts (auch wenn es in manchen Wohnungen so erscheinen mag). Wenn Wega von Staub eingehüllt ist, dann muss der irgendwo herkommen, und vor allem muss an dieser ominösen Quelle permanent neuer Staub produziert werden. Sich selbst überlassen, verschwindet er nämlich in relativ kurzer Zeit irgendwo im All. Es reicht schon die Kraft des auf ihn treffenden Lichts, um ihn wegzuschieben.

Wo Staub ist, müssen also auch Objekte sein, die Staub erzeugen: kollidierende Asteroiden zum Beispiel. Es kann also nicht nur Staub sein, der Wega einhüllt; in ihrem direkten Umfeld muss es noch mehr geben. Und tatsächlich ist Wega von Asteroidengürteln umgeben – ein Anzeichen dafür, dass an dieser Stelle die gleichen Prozesse abgelaufen sind, die auch in unserem Sonnensystem vor 4,5 Milliarden Jahren abliefen, als dort zuerst Asteroiden und dann Planeten entstanden.

Dass auch bei anderen Sternen Planeten entstehen könnten, hatte bis dahin im Jahr 1984 aber noch niemand mit Sicherheit gewusst. Erst der Staub von Wega hat demonstriert, dass das, was bei uns passiert ist, auch anderswo im Universum stattfindet und dass die Suche nach den Planeten anderer Sterne nicht hoffnungslos ist.

8

Ras Alhague

Die Astrologen sind verwirrt

Ras Alhague (arabisch für »Kopf der Schlange«) ist der hellste Stern im Sternbild des Schlangenträgers. Und genau das sorgt immer wieder mal für Aufregung – zumindest in der Boulevardpresse und bei den Fans der Astrologie. Die NASA hätte die Sternzeichen neu geordnet, heißt es da zum Beispiel, und jetzt gäbe es ein »dreizehntes Sternzeichen«.

»13 Sternzeichen?! Hast du in Wahrheit ein ganz anderes?«, lautet etwa eine Schlagzeile vom Januar 2019. Und: »Eine Studie sagt, dass die meisten eigentlich unter einem ganz anderen Sternzeichen geboren sind«. Wer zwischen 30. November und 18. Dezember zur Welt kam, sei demnach kein Schütze mehr, sondern eigentlich ein Schlangenträger.

Der Grund für diese regelmäßigen Wellen der Hysterie ist – neben der medialen Suche nach schneller Aufmerksamkeit – der Unterschied zwischen »Sternbild« und »Sternzeichen«, der nicht wenigen Menschen Kopfzerbrechen zu bereiten scheint. Und, damit eng verwandt, der Unterschied zwischen Astronomie und Astrologie.

Früher gab es diese Trennung nicht. Menschen beobachteten den Himmel und erforschten nicht nur die Bewegung und die Eigenschaften all der Lichtpunkte, die sie dort sahen, sondern waren auch überzeugt, dass die Himmelskörper eine mythologische und religiöse Bedeutung hatten. Kometen etwa galten jahrhundertelang als Vorboten des Unglücks oder als himmlische Begleitmusik besonders wichtiger Ereignisse (wie etwa der Geburt Jesu …). Das, was am Himmel passierte, so glaubte man, hatte konkrete Auswirkungen auf das Leben der Menschen, und wer die Sterne und Planeten nur genau genug beobachtet und versteht, kann daraus wichtige Informationen über die Zukunft gewinnen.

Erst ab dem 17. Jahrhundert begann sich das, was heute die moderne Naturwissenschaft der Astronomie ist, von dem alten Aberglauben der Astrologie zu trennen. All die mythologischen Figuren und Geschichten, die die Menschen früher in Form von Sternbildern an den Himmel projizierten, spielen heute nur in historischer Hinsicht eine Rolle. Die Astronomie kennt zwar immer noch offizielle Sternbilder. Mit den Sternzeichen der Astrologie haben sie aber nicht mehr viel zu tun.

Die zwölf Tierkreiszeichen, wie sie korrekt heißen, anhand derer man auch heute noch in fast jeder Zeitung sein Horoskop ablesen kann, sind Sternbilder, die sich an einer ganz speziellen Position des Himmels befinden. Sie sind entlang der Ekliptik aufgereiht, also ausgerichtet an der scheinbaren Bahn, der die Sonne im Laufe eines Jahres an unserem Himmel folgt. Die Ekliptik ist nichts anderes als die an den Himmel projizierte Umlaufbahn der Erde um die Sonne, und auch die restlichen Planeten bewegen sich in oder zumindest in der Nähe dieser Ebene. Aus genau diesem Grund spielten die zwölf Tierkreiszeichen in der antiken Himmelsdeutung auch so eine besondere Rolle: Man konnte beobachten, wann und wie die Planeten sich durch die einzelnen Sternbilder bewegen – und daraus ließen sich astrologische Schlussfolgerungen ziehen.

Das Sternbild des Schlangenträgers stammt, wie die Bilder von Skorpion, Schütze, Steinbock und den anderen, ebenfalls aus der Antike, und es wird auch von der Ekliptik durchkreuzt. Man hat es jedoch nicht zu den offiziellen Tierkreiszeichen gezählt; vermutlich weil die Zahl 12 eine bessere Symbolik darstellte als die 13.

Lange Zeit gab es auch keine verbindliche Regelung, was die Sternbilder angeht. Nirgendwo war festgehalten, welche Sternbilder es überhaupt gibt, oder gar festgelegt, welche Sterne nun wirklich zu welchen Sternbildern gehören. Das holten Wissenschaftler erst im Jahr 1928 nach: Die Internationale Astronomische Union teilte damals den gesamten Himmel in 88 klar abgegrenzte Bereiche ein und schuf so die heute immer noch gültigen 88 offiziellen Sternbilder. Entlang der Ekliptik finden wir immer noch die 12 Sternbilder, deren Namen den 12 astrologischen Sternzeichen entsprechen. Und eben auch Ras Alhague im Sternbild des Schlangenträgers.

Das bedeutet jedoch nicht, dass es sich beim Schlangenträger auch um ein astrologisches Sternzeichen handelt. Die Astrologie ignoriert die Erkenntnisse der Astronomie in vielen Bereichen, und hier ist es genauso. Die astronomischen Sternbilder nehmen unterschiedlich große Bereiche am Himmel ein; die Sternzeichen der Astrologen sind hingegen alle gleich groß. Daraus ergeben sich große Abweichungen. Wer zum Beispiel das Sternzeichen Wassermann hat, geht astrologisch gesehen davon aus, dass sich die Sonne zum Zeitpunkt seiner Geburt in dem entsprechenden Himmelsabschnitt befunden hat. Aus astronomischer Sicht stand sie allerdings im Sternbild der Fische.

Die Astrologie ist keine Wissenschaft, und die Sternzeichen haben nichts mit den offiziellen Sternbildern und der realen Position der Sonne am Himmel zu tun. Dennoch erzählen auch die Sternzeichen ihren Teil der Geschichte des Universums. Sie sind ein Zeugnis für das Bedürfnis der Menschen, ihr Leben in einen vermeintlich kosmischen Kontext zu stellen. Aber niemand muss sich Sorgen machen, bisher das »falsche« Sternzeichen gehabt zu haben. Man sollte höchstens darüber nachdenken, wieso man immer noch so viel Wert auf einen antiken Aberglauben legt.

9

TXS 0506+056

Astronomie mit dem Eiswürfel

Das vermutlich seltsamste Teleskop der Welt befindet sich am Südpol der Erde. Oder genauer gesagt: mehr als einen Kilometer tief unter dem Südpol, eingefroren im Eis der Antarktis. Dort unten ist es auf der Suche nach einer ganz speziellen Art von Licht. Man will Neutrinos finden, und um das zu erreichen, muss man einiges an Aufwand treiben.

Ein Neutrino ist ein Elementarteilchen. Es hat fast keine Masse und tritt mit dem Rest der Materie so gut wie gar nicht in Wechselwirkung. In jeder Sekunde flitzen an die 100 Millionen von ihnen durch jeden Quadratzentimeter unserer Körperoberfläche, und wir kriegen nichts davon mit. Die gesamte Erde ist einem ständigen Strom von Neutrinos ausgesetzt, ohne dass sie dadurch auf irgendeine Art und Weise beeinträchtigt wird. Aus Sicht dieser Elementarteilchen ist die Erde nicht nur durchsichtig; sie ist quasi nicht vorhanden.

Neutrinos entstehen bei atomaren Reaktionen – ganz besonders viele bei der Kernfusion im Inneren von Sternen. Unsere Sonne produziert nicht nur Licht, das sie hinaus ins All strahlt, sondern auch einen beständigen Strom von Neutrinos. Um diesen zu registrieren, müssen wir uns jedoch deutlich mehr anstrengen.

Nur in ganz seltenen Fällen reagiert eines der unzähligen Neutrinos, die auf unseren Planeten treffen, doch mit der normalen Materie. Bei dieser Kollision entstehen andere Teilchen, und für kurze Zeit geben sie Energie in Form von hellem Licht ab. Damit wir diesen Vorgang beobachten können, muss allerdings einiges zusammenkommen: Zuerst einmal braucht es sehr viel Materie, um den Neutrinos die Möglichkeit zu bieten, überhaupt auf irgendetwas zu treffen; und man benötigt spezielle Detektoren, genauer gesagt, sehr viele hochempfindliche optische Sensoren, die in der Lage sind, die kurzen Lichtblitze zu sehen.

Das Teleskop am Südpol ist genau so ein Neutrinodetektor und unter anderem deswegen so tief im Eis vergraben, weil dort unten der Druck der darüberliegenden Schichten jede noch so kleine Luftblase aus dem Eis gequetscht hat. Es ist extrem klar und durchsichtig – nur so haben die Sensoren eine Chance, die Lichtblitze zu sehen. Auf einem Volumen von einem Kubikkilometer hat man 5160 Sensoren versenkt; es handelt sich quasi um einen riesigen, unterirdischen Eiswürfel, der hier zu einem Neutrinodetektor umgebaut wurde, weswegen das Projekt auch den Namen »IceCube« trägt.

Die Daten der Sensoren werden mit Kabeln an die Oberfläche geleitet und können dort ausgewertet werden. Aus der

Stärke des Lichtblitzes kann man berechnen, wie viel Energie das Neutrino in sich trägt. Je größer diese Energie ist, desto gewaltiger muss das Ereignis gewesen sein, bei dem das Neutrino erzeugt worden ist. Zusätzlich kann man mit IceCube auch die Richtung bestimmen, aus der es gekommen ist. Die meisten Neutrinos, die dort nachgewiesen werden, stammen von der Sonne. Sie ist die mit Abstand stärkste Quelle dieser Teilchen in unserer Umgebung, und wir konnten die dort produzierten Neutrinos schon lange vor IceCube detektieren. Dadurch konnten wir erst so richtig verstehen, welche speziellen Kernreaktionen in ihrem Inneren ablaufen, und herausfinden, auf welche Art und Weise die Sonne ihre Energie erzeugt.

Aber natürlich würde man gerne auch die Neutrinos anderer Himmelskörper im Universum beobachten. Das gelang 1987, als in 170 000 Lichtjahren Entfernung eine Supernova explodiert ist. Damals konnte man insgesamt 25 Neutrinos detektieren – was nach wenig klingt, aber in der Neutrinoastronomie einen wahren Teilchensturm darstellt.

Normalerweise bekommt man die flüchtigen Teilchen so selten zu Gesicht, dass man ihnen individuelle Namen geben kann. 2013 beobachtete IceCube zwei Neutrinos mit so hohen Energien, dass sie definitiv nicht von der Sonne stammen konnten, sondern irgendwo weit aus dem Universum zu uns gekommen sein müssen. Sie bekamen die Namen »Ernie« und »Bert« – aber ihre Herkunft ließ sich nicht zurückverfolgen.

Am 22. September 2017 fand man ein weiteres hochenergetisches Neutrino, das nun aber nicht mehr nach Charakteren aus der Sesamstraße benannt wurde, sondern die nüchterne Bezeichnung »IceCube-170922A« bekam. Sofort nach der Detektion versuchten normale Teleskope überall auf der Welt, seine Quelle auszumachen. Und tatsächlich wurde man fündig: Genau in der Richtung, aus der es kam, ist TXS 0506+056 am Himmel zu sehen. Es handelt sich um einen »Blazar«. So nennt man die extrem aktiven Zentren ferner Galaxien. Dort sitzen Supermassereiche Schwarze Löcher, und die Materie, die in ihnen verschwindet, strahlt zuvor noch jede Menge Energie ab. Dabei werden auch Neutrinos erzeugt – und genau so eines scheint IceCube gemessen zu haben.

Die extreme Unwilligkeit der Neutrinos, mit dem Rest der Materie zu reagieren, macht sie extrem wertvoll für uns. Sie entstehen in allen Sternen, in den Zentren anderer Galaxien, in der Umgebung Schwarzer Löcher. Und im Gegensatz zu Licht lassen sie sich von so gut wie nichts aufhalten. Sie können die Information über ihren Ursprung ungestört durch das ganze Universum tragen.

Der unterirdische Eiswürfel am Südpol ist das bis jetzt beste Neutrinoteleskop und das erste, mit dem wir den Himmel auf eine ganz neue Art und Weise betrachten können. Um den Kosmos aber wirklich gut im Licht der Neutrinos sehen zu können, werden wir wohl noch größere Detektoren benötigen.

10

π1 Gruis

Ein Riesenstern brodelt

530 Lichtjahre von der Erde entfernt brodelt im Sternbild Kranich ein Riesenstern. Sein Name ist π1 Gruis, und würde er sich in unserem Sonnensystem befinden, dann hätte er die Erde längst verschluckt. Er hat sein Leben schon fast beendet, aber uns zuvor noch etwas gezeigt, was wir in der Form bis jetzt noch nie beobachten konnten.

Der einzige Stern, den wir wirklich gut im Detail betrachten können, ist unsere Sonne. Sie erscheint uns wie eine simple, weiße Scheibe – aber wenn man mit Teleskopen ein wenig genauer hinsieht, erkennt man, was sie tatsächlich ist: eine gewaltige, heiße, brodelnde Masse aus Gas. Auf ihrer Oberfläche findet statt, was auch in einem Topf voll kochendem Wasser in der Küche zu sehen ist.

Die »Herdplatte« ist in diesem Fall das Zentrum der Sonne, dort findet die Kernfusion von Wasserstoff zu Helium statt, und dort wird ihre gesamte Energie erzeugt. Zuerst breitet sich diese Energie in Form von hochenergetischen Lichtteilchen aus. Diese »Strahlungszone« ist ungefähr 500 000 Kilometer dick, und die Temperatur der Sonne ist in diesem Abstand vom Zentrum schon von circa 15 Millionen Grad auf 1,5 Millionen Grad Celsius gesunken. Über die restlichen 200 000 Kilometer bis zur Oberfläche der Sonne wird die Energie nun durch Wärme weitertransportiert. Die Strahlung heizt das Gas im Inneren der Sonne auf, und es beginnt sich nach oben zu bewegen. Dabei kühlt es immer weiter ab, bis es an der Sonnenoberfläche nur noch etwa 5500 Grad Celsius heiß ist. Das nun kühle Gas sinkt wieder hinunter, bis es dort erneut erhitzt wird und der Prozess von vorne beginnt.

Diesen Zyklus nennt man »Konvektion«, und genau das Gleiche passiert auch, wenn man Wasser in einem Topf erhitzt. Die einzelnen Konvektionszellen, also die Bereiche, in denen Material in der Sonne nach oben steigt, sind ungefähr 1000 Kilometer groß und werden »Granulen« genannt. Betrachtet man Zeitrafferaufnahmen der Sonnenoberfläche, kann man sie regelrecht brodeln sehen.

Was bei der Sonne vergleichsweise einfach ist, erweist sich bei anderen Sternen als fast unmöglich. Sie sind so weit entfernt, dass wir sie auch mit großen Teleskopen nur als Lichtpunkte wahrnehmen können. Strukturen auf ihrer Oberfläche und auch die dort stattfindende Konvektion bleiben unsichtbar. Bei π1 Gruis ist es im Jahr 2018 dennoch gelungen. Der Stern ist nicht nur enorm groß, sondern leuchtet auch 1000-mal heller als die Sonne. Er ist leuchtstark genug, dass man an der Europäischen Südsternwarte in Chile die Daten von vier verschiedenen Teleskopen kombinieren und so ein virtuelles Teleskop viel größeren Ausmaßes schaffen konnte. So ist es Claudia Paladini von der Universität Brüssel und ihren Kollegen gelungen, die Oberfläche des Sterns aufzulösen und seine Konvektionszellen sichtbar zu machen.

Die sind bei π1 Gruis ebenso gewaltig wie der Stern selbst: Die Größe der Granulen betrug bis zu 120 Millionen Kilometer, was fast dem Abstand zwischen Sonne und Erde entspricht. Der Grund dafür ist die geringe Dichte des Sterns. Er hat zwar die 1,5-fache Masse der Sonne, ist aber sehr viel größer – und damit weniger dicht. An seiner Oberfläche ist die Gravitationskraft deswegen auch geringer als auf der Sonne, was für größere Granulen sorgt.

Dieses Verhalten hatte man anhand theoretischer Sternmodelle vorhergesagt, bei π1 Gruis aber das erste Mal konkret beobachtet. Und dabei noch Glück gehabt: Die Phase seines Lebens, in der sich der Riesenstern gerade befindet, dauert nur einige Zehn- bis Hunderttausend Jahre lang. Einen guten Teil seiner Atmosphäre hat π1 Gruis schon ins All abgestoßen. In ein paar Zehntausend Jahren wird alles verschwunden sein und nur ein kleiner, toter Sternenrest übrig bleiben. Wir haben ihn gerade zur richtigen Zeit erwischt, um ihm beim Brodeln zusehen zu können.

11

B Cassiopeiae

Das explosive Ende eines Dogmas

Den Stern B Cassiopeiae gibt es nicht mehr. Doch auch als es ihn noch gab, wusste niemand von seiner Existenz. Man konnte ihn erst sehen, als er verschwand – und im Verschwinden gleich auch noch ein altes Dogma mit sich fortriss.

Es ist eigentlich falsch, B Cassiopeiae als »Stern« zu bezeichnen. Das wusste der dänische Astronom Tycho Brahe aber noch nicht, als er am 11. November 1572 am Nachthimmel ein hell leuchtendes Objekt im Sternbild Kassiopeia sah, das er dort zuvor noch nie beobachtet hatte. Aber es war da, fast so hell wie die Venus und nicht zu übersehen. Es war ein »neuer Stern«, und genau so nannte er auch das Buch, das er darüber schrieb und das ihn zu einem der berühmtesten Astronomen seiner Zeit machte. In seinem Werk »De Stella Nova« konnte

Brahe nachweisen, dass das helle Objekt nicht einfach nur eine mysteriöse Leuchterscheinung in der Atmosphäre der Erde ist, wie viele seiner Zeitgenossen dachten, sondern sich dort befinden muss, wo sich auch die anderen Sterne befinden.

Denn wäre das Licht irgendwo in unserer Lufthülle nahe an der Erde, müsste es sich in Bezug auf die Sterne am Himmel ja bewegen, wenn sich die Erde einmal pro Tag um ihre Achse dreht. (Beziehungsweise sollte das Licht, in der damaligen Sicht der Dinge, mit der Erde stillstehen, während sich der Rest des Universums einmal pro Tag um sie herum dreht.) Das aber war nicht der Fall. Das Licht bewegte sich gemeinsam mit den Sternen. Und für Tycho Brahe war klar: Es muss sich um einen neuen Stern handeln.

Tycho Brahe war nicht der Erste und auch nicht der Einzige, der den neuen Stern gesehen hatte. Aber niemand hat ihn damals so genau untersucht wie er. Mit seinen exakten Beobachtungen konnte er das jahrtausendealte Dogma des unveränderlichen Sternenhimmels widerlegen. Schon der griechische Gelehrte Aristoteles hatte verkündet, der Himmel müsse perfekt und auf ewig unveränderlich sein; Veränderung könne nur auf der Erde existieren. Dieser Meinung schloss sich später auch die Kirche an – bis Tycho Brahes Beobachtung zeigte, dass auch am Himmel nicht alles ewig gleich bleiben muss.

Er hatte sich allerdings geirrt, als er den Stern als »neu« bezeichnete. Denn heute wissen wir, dass es sich bei einem solchen Ereignis um einen alten Stern handeln muss und dass das helle Aufleuchten nur sein letzter Gruß ans Universum war. Tycho Brahe hatte etwas beobachtet, was man heute eine »Supernova vom Typ Ia« nennt. Man braucht dazu einen Weißen

Zwerg, also einen Stern, der die Kernfusion in seinem Inneren schon eingestellt hat. Ein Weißer Zwerg hat all seinen Brennstoff für die Kernfusion aufgebraucht, die äußeren Schichten seiner Atmosphäre abgestoßen und macht nun so gut wie gar nichts mehr, außer zu existieren und abzukühlen. Wenn dieser Weiße Zwerg aber Teil eines Doppelsternsystems ist und wenn die beiden Sterne sich sehr nahe sind, dann kann durch die Gravitationskraft, die zwischen beiden Himmelskörpern wirkt, Material vom zweiten Stern auf den Weißen Zwerg gelangen.

Dadurch setzt dort die Kernfusion wieder ein, und der Weiße Zwerg beginnt erneut zu leuchten. Der eigentlich schon tote Stern ist aber nicht mehr in der Lage, seine Temperatur auf die gleiche Art und Weise zu regulieren wie ein normaler Stern. Er heizt sich in kurzer Zeit sehr stark auf und explodiert am Ende regelrecht. Genau dieses Ereignis kann man als »Supernova« am Himmel sehen oder als »neuen Stern«, wie Tycho Brahe dachte. Es dauert ein paar Wochen bis Monate, bis das Licht der Explosion verloschen ist. Dann ist auch der »neue Stern« wieder vom Himmel verschwunden. In diesem Fall hat er aber bleibende Spuren hinterlassen und unsere Sicht aufs Universum nachhaltig verändert.

12

Acrux

Ein Stern und zu viele Namen

Acrux, Becrux, Gacrux und Decrux. Was ein wenig nach »Tick, Trick und Track treffen auf Asterix« klingt, ist in Wirklichkeit seriöse astronomische Terminologie. Acrux und Co. sind die offiziellen Eigennamen der Sterne eines ganz berühmten Sternbilds: des »Kreuz des Südens«.

Wie der Name schon andeutet, kann man das Kreuz des Südens besonders gut von der südlichen Hemisphäre aus am Himmel sehen. Dort ist es zwar klein, aber dennoch sehr markant, und zwar so sehr, dass man es heute auf den Nationalflaggen von Brasilien, Australien, Neuseeland, Papua-Neuguinea und Samoa findet.

Die seltsamen Namen der einzelnen Sterne des Sternbilds sind in gewisser Hinsicht ein Resultat unserer Respektlosigkeit. Als sich in vergangenen Jahrhunderten Entdeckungsreisende aus Europa und Nordamerika auf den Weg zur Südhalbkugel machten, entdeckten sie dort im wörtlichen Sinne eigentlich recht wenig. Denn auch dort lebten ja immer schon Menschen, die den Dingen um sie herum Namen gegeben, sie geordnet und in ihre Geschichte und Geschichten eingebunden hatten. Das hat uns aber nicht davon abgehalten, ihre traditionellen Bezeichnungen für Länder, Berge, Flüsse, Tiere, Pflanzen oder eben auch Sterne zu ignorieren und ihnen einfach neue Namen überzustülpen.

Was die systematische Bezeichnung von Sternen angeht, hat die Astronomie lange Zeit die sogenannte »Bayer-Bezeichnung« bevorzugt. Sie stammt vom deutschen Astronomen Johann Bayer, der sie 1603 in seinem einflussreichen Himmelsatlas »Uranometria« verwendet hat. Er hat die Sterne zuerst nach Sternbildern eingeteilt und dann nach Helligkeit sortiert. Die Bezeichnung des Sterns wird dann aus der lateinischen Bezeichnung des Sternbilds und einem griechischen Buchstaben gebildet. »Alpha« für den hellsten Stern, »Beta« für den zweithellsten und so weiter.

Der hellste Stern im Sternbild Zentaur ist demnach »Alpha Centauri«, und der dritthellste Stern im Sternbild Kepheus wird »Gamma Cephei« genannt. Das Kreuz des Südens besteht nach diesem System aus den Sternen »Alpha Crucis«, »Beta Crucis«, »Gamma Crucis« und »Delta Crucis«. Oder in einer Kurzversion: Acrux, Becrux, Gacrux und Decrux. Die hat sich irgendwann eingebürgert und wurde schließlich als offizielle Bezeichnung der Sterne übernommen.

Und was einmal offiziell ist, bleibt auch offiziell – selbst wenn den Menschen mittlerweile klar geworden ist, dass man bei dieser Benennung nicht nur enorm unkreativ war, sondern auch auf sehr unsensible Art und Weise die Traditionen vieler Menschen und Völker ignoriert hat, die diese Sterne schon lange beobachtet und benannt hatten, bevor wir auf die Idee kamen, nach Süden zu segeln.

Immerhin hat sich die Internationale Astronomische Union 2018 bemüht, die Situation zumindest ein klein wenig zu korrigieren. Der fünfthellste Stern im Kreuz des Südens, der bis dahin die Bayer-Bezeichnung »Epsilon Crucis« trug, ist dem wenig erstrebenswerten Schicksal, »Epcrux« genannt werden zu müssen, gerade noch entkommen. Er war bis dahin noch ohne offiziellen Eigennamen, was man nutzte, um ihn nun »Ginan« zu taufen.

In den Geschichten des Wardaman-Volkes im nördlichen

Australien bezeichnet »Ginan« eine traditionelle Tasche, die voll mit Geschichten und Liedern und Mythen über die Entstehung der Welt ist. Sie findet man nun auch ganz offiziell am Himmel – und auch auf der australischen Flagge, die neben den vier langweilig benannten Sternen auch Ginan zeigt.

13

51 Pegasi

Eine Antwort auf eine jahrtausendealte Frage

»Ob es nur eine Welt oder viele Welten gibt, ist eine der erstaunlichsten und nobelsten Fragen der Natur. Es ist eine Frage, die der menschliche Geist aus sich selbst heraus verstehen will.« Das schrieb der deutsche Bischof und Gelehrte Albertus Magnus im 13. Jahrhundert. Die Antwort auf diese erstaunliche und noble Frage fand man jedoch erst über 700 Jahre später – beim Stern 51 Pegasi.

Die Frage nach der Existenz »anderer Welten« beschäftigt die Menschen seit Jahrtausenden. Schon die Vorsokratiker im antiken Griechenland haben darüber spekuliert, ob die Erde die einzige »Welt« sei oder nur eine von vielen. Vom Atomisten Demokrit etwa sind Aussagen über unbeschränkte Welten in unbeschränkter Ausdehnung überliefert, von denen manche mehr, andere weniger Sonnen und Monde aufweisen sollten als unsere. Die Diskussion über diese Fragen setzte sich im Laufe der folgenden Jahrhunderte fort und beschäftigte durch das Mittelalter und die frühe Neuzeit hindurch die Philosophie ebenso wie die Theologie. Aber egal, ob man nun »Gott«

oder die Natur ins Feld führte: Eine definitive Antwort war nicht zu finden.

Man konnte zwar theologisch argumentieren, etwa damit, dass in der Bibel keine Rede von anderen Welten sei und diese deswegen nicht existieren können. Oder dass im Gegenteil ein allmächtiger, allgegenwärtiger, unendlicher »Gott« gar nicht anders könne, als unendlich viele Welten zu erschaffen. Theologen, Philosophen und Naturforscher fanden über die Jahrhunderte zahllose Gründe, für und gegen die Existenz anderer Welten zu argumentieren. Aber mehr als Streit, Spekulation und Diskussion war nicht möglich. Dazu verstand man noch zu wenig von der Welt.

Zunächst musste überhaupt einmal erkannt werden, dass die Erde ein Planet ist, der die Sonne, einen Stern, umkreist. Man musste herausfinden, dass es sich auch bei den vielen Lichtpunkten am Himmel um Sterne handelte, ähnlich unserer Sonne, nur viel weiter entfernt. Man musste verstehen, wie Sterne und Planeten entstehen können, und man brauchte die Instrumente, um sie untersuchen zu können.

Deswegen dauerte es bis in die 1980er-Jahre, bevor sich Wissenschaftler daranmachen konnten, ernsthaft nach »anderen Welten« zu suchen. Oder wie wir heute dazu sagen: nach extrasolaren Planeten, also nach Planeten, die andere Sterne und nicht unsere Sonne umkreisen.

Man wusste, dass es diese prinzipiell geben könnte. Aber da man noch nicht im Detail verstanden hatte, wie und unter welchen Umständen Planeten entstehen, war auch unklar, wie viele von ihnen es gibt. Vielleicht war die Sonne mit ihren acht Planeten ja ein kosmischer Spezialfall? Man machte sich trotzdem auf die Suche, und so wetteiferten astronomische Arbeitsgruppen aus den USA und aus Kanada in den 1980er- und

1990er-Jahren um die Ehre, den ersten extrasolaren Planeten zu finden.

Die Sieger im Rennen der Planetenjäger waren dann jedoch zwei Außenseiter: Michel Mayor von der Universität Genf und sein Doktorand Didier Queloz. Im April 1994 nahmen sie mit ihrem Teleskop den Stern 51 Pegasi ins Visier: 50 Lichtjahre von uns entfernt, im Sternbild Pegasus, ein wenig größer und älter als die Sonne. Mit bloßem Auge ist der Stern unter den richtigen Umständen gerade noch sichtbar – den Planeten, den die beiden Schweizer dort entdeckten, kann man ohne technische Hilfsmittel aber natürlich nicht sehen. Mit technischen Hilfsmitteln im strengeren Sinne übrigens auch nicht: Mayor und Queloz entdeckten den Himmelskörper indirekt, weil sie bemerkten, dass der Stern auf eine ganz bestimmte Art und Weise hin und her wackelte. Denn jeder Planet übt eine, wenn auch sehr geringe, Gravitationskraft auf den Stern aus, während er ihn umkreist, wodurch sich der Stern ein klein wenig hin und her bewegt. Dieses Wackeln lässt sich durch eine Analyse des Sternenlichts messen, und daraus kann man Masse und Umlaufbahn des Planeten ableiten.

Wer aber behauptet, die Antwort auf eine jahrtausendealte Frage gefunden zu haben, muss sich wohl ein paar skeptische Blicke gefallen lassen. So auch Mayor und Queloz, deren Entdeckung anfangs misstrauisch beäugt wurde. Die Existenz des fraglichen Planeten ist inzwischen jedoch mehrfach durch unabhängige Beobachtungen bestätigt worden. Er ist doppelt so groß wie Jupiter, nur halb so schwer – aber genauso real. Und damit war endlich klar: Ja, es gibt andere Welten!

Auch andere Sterne werden also von Planeten umkreist, und 51 Pegasi war der erste Stern, der uns diese lange gehegte

Vermutung bestätigt hat. Er war daher auch einer der Sterne, die 2015 von der Internationalen Astronomischen Union einen neuen Namen bekommen haben. Seitdem heißt er – kaum überraschend angesichts der Nationalität der Planetenentdecker – »Helvetios«.

14

61 Cygni

Killer der Kristallsphären

In der ersten Hälfte des 19. Jahrhunderts fand sich 61 Cygni unvermittelt im Zentrum einer der wichtigsten wissenschaftlichen Fragen aller Zeiten wieder. Es handelt sich hierbei um einen Doppelstern im Sternbild Schwan, ein bisschen kleiner und ein wenig älter als unsere Sonne, ein Stern, von dem man schon im 18. Jahrhundert dachte, dass er nicht allzu weit von der Sonne entfernt sein dürfte. Vermutlich. Denn genau das war die große, damals noch immer unbeantwortete Frage: Wie weit sind die Sterne entfernt? Oder anders gesagt: Wie groß ist das Universum?

Man kann die Sterne am Nachthimmel ohne Weiteres leuchten sehen; ihre Entfernung sieht man ihnen aber nicht so einfach an. Griechische Forscher wie Anaximander im 6. Jahrhundert vor Christus und nach ihm Philosophen wie Pythagoras und Aristoteles waren der Ansicht, die Sterne würden sich an einer Art kristallenen Sphäre befestigt um die unbewegte Erde in ihrem Zentrum drehen. Diese Himmelskugel wäre dann auch gleichzeitig die äußere Grenze des – in diesem Bild recht kleinen – Kosmos. Beobachtungen im 16. Jahrhundert zeigten dann aber, dass diese Kristallschalen nicht existieren konnten und die Entfernung zu den Sternen größer sein musste.

Immer wieder vermuteten Gelehrte wie zum Beispiel Giordano Bruno, dass es sich bei den Lichtern am Himmel um unserer Sonne vergleichbare Objekte handeln könnte, die uns nur deswegen wie Punkte erscheinen, weil sie so weit entfernt sind. Aber niemand kannte eine Methode, die Entfernung zu den Sternen zu messen und die Frage damit ein für alle Mal zu beantworten. Oder besser gesagt: Man kannte einen Weg, doch der funktionierte nicht.

Im 17. Jahrhundert setzte sich das heliozentrische Weltbild durch. Die Arbeiten von Nikolaus Kopernikus, Galileo Galilei und Johannes Kepler machten überzeugend klar, dass sich die Erde um die Sonne bewegt und nicht umgekehrt. Aber wenn dem so ist, dann müssten wir ja auch im Laufe eines Jahres von ganz unterschiedlichen Positionen aus auf die fernen Sterne blicken – und entsprechend eine scheinbare Bewegung an ihnen feststellen.

Das Prinzip dieser »Parallaxenmethode« kann man leicht selbst ausprobieren: Dazu streckt man den Daumen und die zugehörige Hand aus und betrachtet ihn mal nur mit dem linken und mal nur mit dem rechten Auge. Weil beide Augen ein Stück auseinanderliegen, schauen wir aus unterschiedlichen Richtungen auf den Daumen, und er scheint vor dem Hintergrund hin und her zu springen.

Genau das sollten auch die Sterne machen, wenn man sie zu unterschiedlichen Zeiten im Jahr und damit von unterschiedlichen Positionen im Sonnensystem aus beobachtet. Je größer die scheinbare Bewegung, desto geringer ist ihre Distanz; aus der Parallaxe kann man also ihre Entfernung messen. Aber: Da bewegte sich nichts.

Die naheliegendste Erklärung dafür wäre zur damaligen Zeit sicher die gewesen, dass die Erde eben doch unbewegt im Zentrum des Kosmos ruht. Doch man entwickelte rasch eine andere Hypothese: Die fehlende »Bewegung« der Sterne am Himmel konnte auch schlicht bedeuten, dass die Sterne in Wirklichkeit um ein Vielfaches weiter entfernt sind, als man dachte. Denn je größer die Distanz zu ihnen, desto kleiner die scheinbare Veränderung ihrer Position.

61 Cygni war das perfekte Forschungsobjekt, um einen weiteren Versuch zu wagen. Er war hell und leicht zu beobachten. Aber trotzdem schaffte es vorerst niemand, verlässliche Messwerte zu bekommen, auch nicht der deutsche Astronom Friedrich Wilhelm Bessel bei seinem ersten Versuch der Parallaxenmessung im Jahr 1812. Als er das Projekt aber dann 1837 und 1838 mit einem besseren Teleskop wiederholte, war er erfolgreich: Zum ersten Mal konnte die Parallaxe eines Sterns zweifelsfrei beobachtet und daraus seine Entfernung berechnet werden. 9,25 Lichtjahre laut Bessel, was dem heute bekannten genaueren Wert von 11,4 Lichtjahren schon sehr nahe kam.

Nur zwölf andere Sterne sind uns näher als 61 Cygni. Die überwiegende Mehrheit aller Sterne ist also noch viel weiter entfernt. Bessel hat mit seiner Messung gezeigt, dass das reale Universum nichts mit dem kuscheligen Kristallsphärenkosmos der Antike zu tun hat. Seine tatsächliche Größe konnte zwar auch Bessel noch nicht absehen. Aber er hat den ersten Schritt hinein in die unvorstellbaren Weiten des Universums getan.

15

BPS CS22948-0093

Ein kosmischer Mangel an Lithium

Der Stern BPS CS22948-0093 hat ein Lithiumproblem. Er enthält zu wenig von diesem chemischen Element, und er ist nicht der Einzige, auf den das zutrifft. Es handelt sich um einen alten Stern, fast 7000 Lichtjahre entfernt in den äußeren Bereichen unserer Milchstraße. Solche Sterne gehören zu einer früheren Generation als unsere vergleichsweise junge Sonne. Sie sind zu einer Zeit entstanden, als das Universum noch einfacher war als heute – zumindest was seine chemische Zusammensetzung angeht.

Die ersten Atome entstanden vor 13,8 Milliarden Jahren direkt nach dem Urknall. Damals herrschten aber nur für wenige Minuten die richtigen Bedingungen, damit sich aus den vorhandenen Elementarteilchen komplexe Atomkerne bilden konnten. Die Zeit reichte nur für die allereinfachsten chemischen Elemente, und das waren Wasserstoff und Helium. Alle anderen Elemente haben so komplizierte Atomkerne, dass sie erst viel später und in viel geringeren Mengen durch die Kernfusion im Inneren von Sternen entstehen konnten. Mit einer Ausnahme: Der Atomkern von Lithium ist gerade noch simpel genug, damit dieses Element direkt nach dem Urknall in extrem geringen Mengen entstehen konnte. (Ein ganz klein wenig Beryllium konnte sich auch noch bilden, aber das spielt in dieser Geschichte keine Rolle.)

Anfangs gab es also sehr viel Wasserstoff, ein bisschen weniger Helium und Spuren von Lithium im Universum. Dieses Verhältnis sollte sich auch in der Zusammensetzung sehr alter

Sterne widerspiegeln, denn die konnten ja nur aus dem Material entstehen, das damals vorhanden war.

Was das Verhältnis von Wasserstoff zu Helium angeht, stimmen die Vorhersagen der Urknall-Theorie auch ziemlich exakt mit dem überein, was man in alten Sternen beobachten kann. Nur das Lithium macht Probleme. In Sternen wie BPS CS22948-0093 wird zwei- bis dreimal weniger davon gemessen, als eigentlich vorhanden sein sollte.

Eine Erklärung dafür bestünde natürlich darin, dass wir die Entstehung der Elemente direkt nach dem Urknall doch noch nicht im Detail verstanden haben. Da aber so viele andere Beobachtungsdaten unser Wissen über die Anfangszeit des Universums immer wieder bestätigen, ist das eher unwahrscheinlich. Viel eher scheint der Lithiummangel etwas mit den Vorgängen im Inneren von Sternen zu tun zu haben.

Lithium kann schon bei vergleichsweise niedrigen Temperaturen bei den Kernfusionsreaktionen im Inneren von Sternen zerstört werden. Es ist also sowieso zu erwarten, dass man heute weniger davon findet, als früher vielleicht vorhanden war. Die unerwartet geringe Menge des Lithiums könnte aber auch darauf zurückzuführen sein, dass alte Sterne bei der Zerstörung dieses Elements deutlich effizienter zu Werke gehen als junge. Wenn nicht nur das Lithium tief unten in den heißen Schichten des Sterns im Laufe der Zeit verschwindet, sondern auch Lithium aus den kühleren äußeren Schichten kontinuierlich ins Innere des Sterns transportiert wird, könnte das den Lithiummangel erklären.

Wenn das Element durch solche Diffusionsprozesse tatsächlich in Sternen umverteilt wird, dann sollten ältere Sterne weniger Lithium enthalten, weil sie mehr Zeit hatten, es zu zerstören. Außerdem sollten heißere Sterne, die sich schneller entwickeln, weniger Lithium aufweisen als kühlere Sterne gleichen Alters, in denen die kernphysikalischen Prozesse langsamer ablaufen. Entsprechende Beobachtungen weisen darauf hin, dass es genau so sein könnte – was aber den Vermischungsprozess überhaupt erst verursacht, ist noch nicht ganz verstanden.

Eine definitive Lösung für den kosmischen Lithiummangel lässt also noch auf sich warten. Wir werden Sterne wie BPS CS22948-0093 weiterhin im Blick behalten – denn wer weiß, ob wir von ihnen am Ende nicht vielleicht doch noch etwas über das lernen, was kurz nach dem Urknall wirklich geschehen ist …

16

62 Orionis

Caroline Herschel tritt aus dem Schatten ihres Bruders

Gleich der erste Fehler bei 62 Orionis! Obwohl mit dem Stern selbst eigentlich alles in Ordnung ist. Der britische Astronom John Flamsteed hatte ihn zu Beginn des 18. Jahrhunderts bei seiner großen Durchmusterung des Himmels beobachtet und für die Veröffentlichung in einem entsprechenden Katalog vorgesehen. Da ist er auch gelandet, als 62. Stern in der Liste der Sterne des Sternbilds Orion. Der Fehler waren all die Sterne, die nicht im Katalog gelandet sind. Und diesen Fehler, so wie alle anderen Fehler und übersehenen Sterne, wollte Caroline Herschel korrigieren.

Dabei sah es anfangs gar nicht danach aus, dass die 1750

in Hannover geborene Caroline Lucretia Herschel eine Karriere als Wissenschaftlerin einschlagen würde. Sie war das jüngste Kind einer großen Familie und erhielt nur das Nötigste an Schulbildung. Ansonsten war sie kaum mehr als die Dienstmagd ihrer Familie, die sämtliche im Haushalt anfallenden Arbeiten erledigte, während ihr großer Bruder Wilhelm nach England zog, um dort eine Karriere als Musiker zu beginnen.

Als Caroline 22 Jahre alt war, lud Wilhelm sie ein, ihm nach England zu folgen. Sie könne dort hauptberuflich als Sängerin arbeiten – was sie wohl auch tatsächlich hätte tun können, wäre sie nicht so sehr damit beschäftigt gewesen, sich um ihren Bruder zu kümmern und ihm den Haushalt zu führen. Der gab die Sache mit der Musik aber sowieso bald auf und widmete sich fortan seinem zweiten großen Hobby: der Astronomie.

Und wieder war es Caroline, die ihn bei seiner Arbeit unterstützte. Sie kopierte wissenschaftliche Texte für ihn, sie notierte seine Beobachtungsdaten, machte Berechnungen, und sie schliff Spiegel für Teleskope. Und sie fand großen Gefallen an der Beschäftigung mit dem Himmel. Als ihr Bruder durch die Entdeckung des Planeten Uranus im Jahr 1781 mit einem Schlag weltberühmt wurde, konnten sich die Geschwister voll und ganz der Astronomie widmen. Wilhelm wurde vom englischen König als Astronom eingestellt und Caroline nun auch offiziell seine Assistentin, mit einem eigenen Gehalt. Nun hatte sie auch ein eigenes Teleskop zur Verfügung, mit dem sie bald eigene Projekte verfolgte. Im August 1786 entdeckte sie den ersten von insgesamt acht Kometen in ihrer Laufbahn, eine beachtliche Anzahl für die damalige Zeit.

Sie durchforstete den ganzen Himmel auf der Suche nach

ungewöhnlichen Objekten und machte sich daran, die Daten ihrer Vorgänger zu korrigieren. Der bedeutendste und wichtigste Katalog der damaligen Zeit war der Sternenkatalog von Flamsteed. Der jedoch war unvollständig, denn Flamsteed starb, bevor er veröffentlicht werden konnte, und seine Nachfolger waren offensichtlich nicht so sorgsam mit seinen Daten, wie sie es hätten sein sollen. Also ging Caroline alles noch einmal von vorne durch und verfasste einen neuen Katalog, der all die Sterne enthielt, die Flamsteed zwar beobachtet hatte, die aber nicht im fertigen Himmelsatlas gelandet waren. Dieses Werk wurde 1798 veröffentlicht und begann mit dem Stern 62 Orionis und den fehlenden Sternen in seiner Umgebung. Nachdem Caroline alle fehlenden Beobachtungsdaten nachgetragen und sortiert hatte, machte sie sich an die Korrektur all der Fehler, die sich bei der Erstellung von Flamsteeds Katalog eingeschlichen hatten. Nun herrschte wieder Ordnung in der Astronomie; alle nötigen Daten waren in einem Werk versammelt, und die Suche nach neuen astronomischen Erkenntnissen gestaltete sich einfacher.

Caroline Herschel war zwar nicht – wie man in Biografien oft lesen kann – die erste Frau, die für ihre wissenschaftliche Arbeit auch bezahlt wurde. Aber sie war dennoch eine Pionierin, und sie arbeitete noch lange nach Wilhelms Tod im Jahr 1822 für die Wissenschaft. Bis sie aber auch in den Augen ihrer Kollegen aus dem Schatten ihres großen Bruders treten konnte, musste sie allerdings warten. Im Alter von 78 Jahren bekam sie die Goldmedaille der britischen Royal Astronomical Society verliehen; mit 85 Jahren wurde sie als erste Frau dort als Ehrenmitglied aufgenommen. Mit 88 Jahren wurde sie Mitglied in der irischen Royal Astronomical Society, aber sie musste erst 96 Jahre alt werden, um auch in ihrer deutschen Heimat von der Preußischen Akademie der Wissenschaft mit einer Medaille geehrt zu werden. Aber wenn Caroline Herschel in ihrem Leben eines bewiesen hatte, dann Durchhaltevermögen.

17

Antares

Fusseln in der Superblase

Das Universum ist im Grunde ziemlich leer. Von den in großen Abständen verstreuten Sternen einmal abgesehen, ist in den gigantischen Zwischenräumen nicht allzu viel los. Wenn man aber weiß, wo und wonach genau man suchen muss, entdeckt man doch genug, was die Aufmerksamkeit der Astronomie erregen kann. Ein paar Wasserstoffatome zum Beispiel, nicht mehr als eine Handvoll in jedem Kubikzentimeter des Alls. Oder das eine oder andere Heliumatom. Mit etwas Glück findet man sogar Spuren anderer chemischer Elemente. All diese weit verstreuten Teilchen nennt man das »interstellare Medium«, und es lohnt sich, ein wenig genauer hinzusehen.

Denn dort, wo das interstellare Medium ein wenig dichter oder dünner ist als anderswo, verbergen sich Hinweise darauf, wie das Universum funktioniert. Die dichteren, wolkenartigen Regionen zwischen den Sternen sind genau die Gebiete, wo neue Sterne entstehen können. Und an den Stellen, wo das interstellare Medium sehr viel dünner ist also anderswo, hatten sterbende Sterne ihre metaphorischen Finger im Spiel.

Unser Sonnensystem befindet sich in einer etwa 300 Lichtjahre großen Region, die »Lokale Blase« genannt wird. Die interstellare Materie ist hier sehr dünn; man findet fast nur Wasserstoff und Helium und so gut wie keinen Staub – so nennt man den Anteil der interstellaren Materie, der nicht aus einzelnen Atomen, sondern komplexeren Molekülen besteht, also zum Beispiel zu Grafit verbundene Kohlenstoffatome oder auch winzigste Eisteilchen. Sie entstehen überall dort, wo auch Planeten entstehen, und können dann von der Strahlung eines Sterns weit hinaus ins All geschoben werden.

Und das ist auch der Grund, warum es in der Lokalen Blase so gut wie keinen Staub mehr gibt. In den letzten paar Millionen Jahren müssen hier einige große Sterne ihr Leben beendet haben. Das tun sie mit großen Explosionen, die den Staub regelrecht aus ihrer Umgebung fegen und so die Lokale Blase geschaffen haben. Inmitten dieser Blase ist aber noch ein bisschen Staub übrig geblieben. Der wird »Lokale Flocke« genannt oder auch »Lokaler Fussel«. Der Riesenfussel hat einen Durchmesser von etwa 30 Lichtjahren, und verantwortlich dafür sind Sterne wie Antares.

Das ist der hellste Stern im Sternbild Skorpion, gut erkennbar an seinem rötlichen Licht. Es handelt sich um einen Stern, der sein Leben schon fast hinter sich hat. Er hat sich zu einem gewaltigen Riesenstern aufgebläht, der, würde man ihn an die Stelle der Sonne setzen, das gesamte Sonnensystem bis weit hinter die Bahn des Mars füllen würde. Auch wenn sein Leben als Stern schon fast vorbei ist, ist Antares doch vergleichsweise jung. Er wurde vor ungefähr 15 Millionen Jahren geboren, aber so massereiche Sterne wie er sind enorm heiß und verbrauchen ihr Material bei der Kernfusion daher viel schneller als kleine Sterne wie unsere Sonne.

Antares gehört zur sogenannten Scorpius-Centaurus-Assoziation, einer Gruppe von einigen Tausend ähnlich jungen und hellen Sternen. Sie sind alle Teil derselben Sternentstehungsregion, und wie junge Sterne das so tun, haben sie bei ihrer Geburt jede Menge Staub und Gas aufgewirbelt und hinaus ins All geschleudert.

Durch genau dieses Material bewegt sich unser Sonnensystem derzeit hindurch, und zwar seit ungefähr 100 000 Jahren. Bis es den kosmischen Fussel wieder verlassen und sich in die etwas sauberen Bereiche der Lokalen Blase bewegen kann, wird es aber noch ein paar Zehntausend Jahre dauern. Spürbare Auswirkungen für uns auf der Erde hat die Reise durch den Fussel aber nicht. Dafür ist zwischen den Sternen dann doch zu wenig Materie vorhanden.

18

Haarsterne

Vorboten des Todes und
Botschafter aus der Vergangenheit

Wenn die Menschen früher »Haarsterne« am Himmel gesehen haben, waren sie verunsichert. Es war ein Anblick, den man nicht gewohnt war. Statt der üblichen beständig leuchtenden Punkte der Sterne und Planeten war hier ein wildes, wolkenartiges Ding zu sehen, das einen langen Schweif hinter sich herzog und drohend über der Erde stand. Es tauchte ohne Vorwarnung auf und verschwand irgendwann einfach wieder. »Irrsterne« nannte man diese Objekte und »Schweifsterne«.

Oder »Kometen«, nach dem griechischen Wort κόμη (kómē), das die Haare am Kopf bezeichnet.

Worum es sich bei diesen »Sternen« und ihrer Mähne handelt, blieb lange unklar. Der griechische Gelehrte Aristoteles war etwa der Meinung, dass es sich gar nicht um Himmelskörper handele, sondern um Leuchterscheinungen in der Atmosphäre. Im 17. Jahrhundert schien man sich einigermaßen einig zu sein, dass so ein Komet zumindest keine gute Sache ist. »Viel Fieber, Krankheit, Pestilentz und Todt, schwere Zeit, Mangel und grosse Hungers-Noth, grosse Hitze, dürre Zeit und Unfruchtbarkeit, Krieg, Raub, Brand, Mord, Aufruhr, Neid, Haß und Streit, Frost, Kälte, Sturmwind, böse Wetter, Wassers-Noth, viel hoher Leute Untergang und Todt, Feuers-Noth und Erdbeben« folgen auf einen Kometen, wie der Pfarrer und Astronom Johann Gottfried Taust 1681 aus einem damals wohl bekannten Gedicht zitiert.

Das Unbehagen war aus der damaligen Sicht nachvollziehbar. Schließlich sah man die Sterne unbeweglich an ihren angestammten Plätzen am Himmel stehen. Und die Planeten bewegten sich zwar, taten das aber auf eine auch damals schon halbwegs vorherberechenbare Art und Weise. Nur die Kometen schienen sich an keine Regel zu halten. Ihr Auftreten und Verschwinden entzog sich jeder Vorhersage und Erklärung.

Erst mit Isaac Newtons mathematischer Theorie der Gravitation wurde es möglich nachzuweisen, dass auch die Kometen sich auf Umlaufbahnen um die Sonne befanden. Nur waren das eben oft sehr lang gestreckte Bahnen, nicht die annähernden Kreise, auf denen sich die Planeten bewegen. Die Kometen können sich sehr weit von der Sonne entfernen, und nur wenn sie ihr nah genug sind, können wir sie sehen.

Wir wissen heute, was Kometen sind: der »Bauschutt« aus

der Zeit, als die Planeten des Sonnensystems entstanden. Als sich vor 4,5 Milliarden Jahren all der Staub und das Gas in der Nähe der Sonne zu immer größeren Himmelskörpern zusammengeballt und am Ende die Planeten geformt haben, ist ein bisschen von all dem Material übrig geblieben. Brocken aus Gestein und Eis, typischerweise nicht größer als ein paar Kilometer. Diejenigen dieser Brocken, die sehr viel gefrorenes Material enthalten, nennen wir Kometen. Denn kommen sie in die Nähe der Sonne, erwärmt sich das Eis, wird gasförmig und strömt hinaus ins All. Dabei reißt es Staub von der Oberfläche des Kometen mit sich, der den Kometen von da an einhüllt. Diese große Staubhülle, die »Koma«, kann das Sonnenlicht gut reflektieren, und der eigentlich kleine Himmelskörper wird für uns sichtbar. Der Staub kann auch den typischen Schweif eines Kometen formen und für seinen einmaligen Anblick am Himmel sorgen.

Ihre Aberglauben inspirierende Aura haben die Kometen heute weitestgehend verloren (auch wenn es immer noch Menschen gibt, die sie für Vorboten des Weltuntergangs, ein Zeichen Gottes oder außerirdische Raumschiffe halten). Wir haben sie stattdessen als wertvolle Gesandte aus der Vergangenheit erkannt. Sie sind die letzten Überlebenden der längst vergangenen Zeit, als das Sonnensystem noch jung und ohne Planeten war. Ihre Erforschung kann uns viel darüber verraten, wie damals alles angefangen hat. Kometen sind keine Vorboten des Todes, sondern Botschafter unseres Ursprungs.

19

HD 142

Offenbar Benutzen Astronomen
Furchtbar Gerne Komische Merksätze

»Die Klassifikation von 1688 südlichen Sternen anhand ihres Spektrums« – der Titel dieser Arbeit, den die amerikanische Astronomin Annie Jump Cannon im Jahr 1912 mit ihrem Kollegen Edward Pickering veröffentlichte, klingt nicht sonderlich beeindruckend. Und auch, wenn man zu lesen beginnt, sieht sie auf den ersten Blick nicht gerade nach einem großen Wurf aus. Auf 50 Seiten findet man kaum Text, nur seitenlange Tabellen mit den Koordinaten und Eigenschaften von Sternen. Der erste in dieser Liste ist der Stern mit der Bezeichnung HD 142. In Spalte 9 der Tabelle sind für ihn ein Buchstabe und eine Zahl aufgeführt: G0. Genau wie auch alle anderen 1687 Sterne einen entsprechenden Buchstaben und eine Zahl erhalten haben.

So nichtssagend diese Bezeichnungen aussehen mögen, so viel verraten sie uns doch über die Eigenschaften des jeweiligen Sterns. »G0« ist der sogenannte Spektraltyp des Sterns HD 142. Dabei geht es um das Lichtspektrum, also die Eigenschaften des Sternenlichts. Ein Stern schickt Licht in allen Farben hinaus ins Weltall. Mit geeigneten Geräten kann man dieses Licht in seine Bestandteile aufspalten, also aus Mischlicht einen Regenbogen aller Farben erzeugen. Schaut man sich diesen ganz genau an, dann zeigen sich im Lichtspektrum dunkle Linien, sogenannte »Spektrallinien«, die von den chemischen Elementen erzeugt werden, aus denen der Stern besteht. Wenn Licht durch die Gasschichten dringt, aus denen ein Stern besteht, wird ein Teil davon durch die dort vorhandenen Atome blockiert. Jedes chemische Element hält einen anderen, ganz charakteristischen Anteil des Lichts zurück. Die Spektrallinien sind wie ein Barcode, ein eindeutiger chemischer Fingerabdruck, der verrät, aus welchen Elementen ein Stern zusammengesetzt ist.

Als diese Technik in der zweiten Hälfte des 19. Jahrhunderts bei immer mehr Sternen eingesetzt wurde, begann man auch damit, die Sterne anhand ihrer Spektrallinien zu klassifizieren. Einer der ersten umfangreichen Kataloge von Sternspektren erschien 1890 und basierte auf der Arbeit von Williamina Fleming. Sie war eine von vielen Frauen, die damals an der Sternwarte des Harvard College für Routinearbeiten beschäftigt wurden. Diese Frauen, die man für die eher langweilige Arbeit viel schlechter bezahlen konnte als ihre männlichen Mitarbeiter, mussten Daten sortieren und klassifizieren oder Berechnungen anstellen. Aber wie viele ihrer Kolleginnen ließ sich auch Fleming nicht davon abhalten, über das nachzudenken, was sie da tat. Sie entwickelte ein System, das Sterne anhand der beobachteten Menge von Wasserstoff sortierte. Die Sterne mit dem meisten Wasserstoff wurden mit dem Buchstaben »A« bezeichnet, dann kam »B« und so weiter bis zum »N«. Auch ihre Kollegin Antonia Maury hatte ein System entwickelt, das jedoch viel komplexer und komplizierter war. Es war schließlich eine dritte Kollegin, Annie Jump Cannon, die seit 1896 an der Harvard-Sternwarte arbeitete, die einen Kompromiss fand.

Sie übernahm Teile der Systeme von Maury und Fleming und überarbeitete alles noch einmal gründlich. Sie fand heraus, dass man nicht alle von Fleming mit Buchstaben bezeichneten Klassen benötigte, um die Sterne zu beschreiben. Manche konnten ganz weggelassen werden, und den Rest sortierte sie um. Es gab nun nur noch die Spektralklassen mit den Buchstaben »O«, »B«, »A«, »F«, »G«, »K« und »M«. Die nicht alphabetische Reihung spiegelt die Temperatur der Sterne wider. O-Sterne sind mit einer Oberflächentemperatur von mehr als 30 000 Grad am heißesten; dann kommen B-Sterne mit über 10 000 Grad. Beide Typen leuchten blau-weiß und hell; die A-Sterne dagegen schon deutlich weniger blau bei einer Temperatur von 7500 bis 10 000 Grad. Danach folgen die gelb-orange leuchtenden Sterne der Typen F, G und K mit Temperaturen zwischen 7500 und 3500 Grad. Am Ende der Skala stehen die kühlen rot leuchtenden Sterne des M-Typs mit nur 2000 bis 3500 Grad. Um die Typen noch besser voneinander trennen zu können, führte Cannon noch Zahlen ein. Ein Stern vom Typ F0 ist dabei ein kleines bisschen heißer als einer vom Typ F1, dann kommt F2 und so weiter bis F9. Dann geht es mit dem nächsten Spektraltyp wieder bei 0 los. Der Stern HD 142 in Cannons Katalog ist also ein Stern, der zu den heißesten Exemplaren des G-Typs gehört.

Die Spektralklassen der Sterne wurden im Laufe der Zeit immer weiter verfeinert und erweitert. An der ursprünglichen Sortierung und Bezeichnung von Annie Jump Cannon hat man aber festgehalten. Und deswegen existiert auch in der modernen Astronomie immer noch die seltsame, nicht alphabetische Klassifizierung von Spektraltypen. Generationen von Studierenden haben sich Merksätze ausgedacht, um sich die richtige Reihenfolge der Buchstaben einzuprägen. Mein Favorit: Offenbar Benutzen Astronomen Furchtbar Gerne Komische Merksätze.

20

Sidera Medicea

Keine Sterne, aber trotzdem revolutionär

Am 7. Januar 1610 hat sich das Universum verschoben. Oder zumindest unsere Vorstellung davon, wie es aufgebaut ist. Seit der Antike dachte man, dass die Erde unverrückbar und fest im Zentrum des Kosmos stehe und alle anderen Himmelskörper sich um sie herum bewegen. Immerhin war es ja auch genau das, was alle mit ihren eigenen Augen beobachten konnten. Der Himmel drehte sich klar erkennbar um die Erde, die sich, ebenso eindeutig, nicht bewegte.

Im 16. Jahrhundert schlug der Astronom Nikolaus Kopernikus dann aber ein Weltbild vor, in dem sich die Sonne im Zentrum befindet und die Erde nur einer von vielen Planeten sein sollte, die sich um sie herum bewegen. Diese Vorstellung lehnte nicht nur die Kirche ab, sondern auch viele Gelehrte. Denn was war dann mit dem Mond? Der müsste nach dieser neuen Sicht auf den Kosmos schließlich immer noch um die Erde kreisen, sodass es auf einmal zwei Zentren der Bewegung geben müsste. Während die Erde um die Sonne läuft, muss der Mond die Erde umkreisen: Das erschien den Menschen höchst unlogisch.

Aber dann kamen Galileo Galilei und die Entdeckung der »Sidera Medicea«. Kurz zuvor hatten holländische Optiker ein neues Instrument entwickelt, mit dem man besser sehen konnte als mit dem Auge allein. Galilei griff die Erfindung auf, verbesserte sie und richtete das so neu geschaffene Teleskop als Erster gen Himmel. Dort sah er Dinge, die noch keiner zuvor gesehen hatte. Berge auf dem Mond. Flecken auf der Sonne. Und unzählige Sterne, die für das bloße Auge unsichtbar waren. Drei dieser Sterne konnte er in unmittelbarer Nähe des Planeten Jupiter sehen. In den folgenden Tagen zeigte sich, dass sich diese Sterne gemeinsam mit dem großen Planeten über den Himmel bewegten. Mehr noch: Sie wechselten die Position, und es tauchte auch noch ein vierter Stern auf. Es sah ganz genau so aus, als würden diese Himmelskörper sich um den Jupiter herum bewegen.

Galilei wollte die Sterne »Sidera Cosmica« nennen, nach seinem ehemaligen Schüler Cosimo II. de' Medici, dem Großherzog der Toskana – eine Geste, von der er sich finanzielle Unterstützung bei seinen zukünftigen Forschungen versprach. Cosimo aber bevorzugte »Sidera Medicea«, um die Ehre nicht nur sich selbst, sondern auch seinen drei Brüdern zukommen zu lassen.

Die Sterne der Medici aber waren natürlich keine echten Sterne. Galilei hatte vier Monde des Jupiter entdeckt. Abgesehen vom Erdmond war es das erste Mal, dass man einen Mond am Himmel gefunden hatte. Was jedoch viel wichtiger war: Die Entdeckung zeigte klar und deutlich, dass die Erde nicht das Zentrum aller Bewegung sein konnte. Auch der Jupiter wurde von Monden umkreist, egal ob man es im alten oder im neuen System betrachtet. Die Entdeckung der vier Monde des Jupiter war die erste von vielen konkreten Beobachtungen, die am Ende das geozentrische Weltbild zu Fall bringen und die Erde aus dem Mittelpunkt des Universums verdrängen sollten.

Die Benennung nach den Medici-Fürsten konnte sich allerdings nicht dauerhaft durchsetzen. Der deutsche Astronom Simon Marius, der die Monde des Jupiter unabhängig von Galilei und nur einen Tag nach ihm entdeckte, schlug Namen aus der griechischen Mythologie für sie vor. Die wollte Galilei aber nicht anerkennen und verwendete stattdessen einfach die römischen Zahlen von I bis IV. Als man im 19. Jahrhundert allerdings immer mehr Monde anderer Planeten fand und die Sache langsam unübersichtlich wurde, griff man doch wieder auf echte Namen zurück. Seitdem sind die vier Monde unter den Namen bekannt, die Simon Marius vorgeschlagen hatte: Io, Europa, Ganymed und Kallisto. Keine Sterne, aber trotzdem revolutionär.

21

HD 10180

Viele Zahlen und viele Planeten

Der Stern HD 10180 ist außergewöhnlich. Ein sonnenähnlicher Stern, circa 127 Lichtjahre entfernt im Sternbild der kleinen Wasserschlange. Mit bloßem Auge ist er nicht zu sehen, aber die Teleskope der Europäischen Südsternwarte haben ihn sechs Jahre lang ganz genau beobachtet. 2010 stand das Ergebnis fest: Der Stern wird von mindestens sechs, vermutlich sieben und eventuell sogar neun Planeten umkreist – so viele Planeten hatte man bis dahin noch bei keinem einzelnen Stern gefunden (mit Ausnahme der Sonne natürlich). Die meisten dieser Planeten sind größer und schwerer als die Erde, und in der Reihenfolge ihres Abstands von ihrem Stern heißen sie: HD 10180 c, HD 10180 d, HD 10180 e, HD 10180 f, HD 10180 g und HD 10180 h.

Muss das sein? Wieso immer diese komplizierten und unschönen Kombinationen aus Zahlen und Buchstaben? Wo kommen all diese Bezeichnungen her, und wieso denken sich Astronominnen und Astronomen nicht einfach vernünftige Namen für die Sterne und Himmelskörper aus?

Das können sie nicht – und das liegt nicht daran, dass sie alle gefühlskalte Menschen ohne Sinn für Romantik und Kreativität wären. Es gibt einfach viel zu viele Sterne und Planeten. Und es braucht einen sinnvollen Weg, diese gewaltige Menge zu organisieren. In der Antike hat man den Sternen ja tatsächlich »echte« Namen gegeben; aber auch nicht allen, sondern nur den hellsten. Sirius zum Beispiel ist ein Name, der vom altgriechischen Wort »Seirios« stammt und vielleicht mit den mythologischen Geschichten über die Sirenen zu tun hat. In Indien hieß der Stern »Makarajyoti«, die Sumerer nannten ihn »Sukudu«, den »Himmelspfeil«, und man kennt an die 50 weitere Eigennamen aus verschiedenen Kulturen.

Hier zeigt sich auch das erste Problem der Sternnamen: Wenn der gleiche Stern unterschiedliche Namen trägt, woher soll man dann wissen, um welchen es gerade geht? Bis vor 150 Jahren war das vielleicht noch nicht so tragisch, aber die moderne Wissenschaft ist international, und für eine effiziente Kommunikation braucht es ein systematisches Vorgehen, das für alle verständlich und nachvollziehbar ist.

Der Erste, der ein solches System zur Benennung der Sterne einführte, war der deutsche Astronom Johann Bayer zu Beginn des 17. Jahrhunderts. Er sortierte die Sterne nach den Sternbildern, in denen sie sich befanden, und ordnete sie der Helligkeit nach. Die Namen wurden dann aus griechischen Buchstaben und dem lateinischen Namen der Sternbilder gebildet. Sirius wurde so etwa zu »Alpha Canis Majoris«, dem hellsten Stern im Sternbild Großer Hund. Im 18. Jahrhundert führte der britische Astronom John Flamsteed ein ähnliches System ein; er sortierte die Sterne nach ihrer Position in den Sternbildern und nummerierte sie einfach durch, was Sirius in seinem System zu »9 Canis Majoris« macht.

In den Katalogen von Bayer und Flamsteed waren gerade mal ein paar Tausend Sterne aufgeführt. Im Laufe der Zeit wurden die Teleskope aber immer besser, und all die neu entdeckten Sterne am Himmel mussten auch irgendwie bezeichnet werden. Meistens geschah das mithilfe eines Buchstabenkürzels, das angibt, auf welchen speziellen Sternkatalog man sich bezieht, und einer Kombination aus Zahlen und Buchstaben, die entweder die Position des Sterns am Himmel beschreibt oder einfach nur eine fortlaufende Nummer im Katalog darstellt.

Der Stern HD 10180, Heimat der vielen Planeten, ist zum Beispiel der 10 180ste Stern im »Henry-Draper-Katalog«, der zwischen 1918 und 1924 an der Harvard-Sternwarte zusammengestellt und nach dem Astronomen Henry Draper benannt wurde. Er enthält über 300 000 Sterne, und das Kürzel »HD« ist daher bei den Namen der Sterne recht häufig zu finden.

Die Astronomie hört aber natürlich nicht auf, immer weitere Sterne zu katalogisieren. Darum existieren noch jede Menge andere Kataloge, die mit eigenen Kürzeln operieren. Die bislang umfangreichste Sammlung stammt vom Weltraumobservatorium GAIA und enthält 1 692 919 135 Sterne, die durch das Kürzel »GAIA DR2« und eine 19-stellige Zahl bezeichnet werden.

Natürlich ist auch Astronominnen und Astronomen bewusst, dass »echte« Namen nicht nur schöner klingen, sondern auch viel besser dazu geeignet sind, mit der Öffentlichkeit über Astronomie zu sprechen. Im Jahr 2016 hat die Internationale Astronomische Union daher eine Arbeitsgruppe ins Leben gerufen, die sich um dieses Problem kümmern soll. Der Wildwuchs der seit der Antike existierenden Eigennamen wurde sortiert und vereinheitlicht. Und einige der Sterne, die bisher nur »langweilige« Katalognamen hatten, bekamen echte Namen, die bei einem Wettbewerb von der Öffentlichkeit vorgeschlagen und bestimmt werden konnten. 330 Sternnamen sind von der Internationalen Astronomischen Union bisher offiziell anerkannt. HD 10180 wurde allerdings noch nicht berücksichtigt.

22

Teide 1

Der fehlgeschlagene Stern

Sterne leuchten mit ihrem eigenen Licht, und Planeten tun das nicht. Der Grund dafür liegt in der Masse: Wenn ausreichend viel Material ausreichend stark komprimiert wird, sorgen die hohe Dichte und der enorme Druck des aufeinandergepressten Materials für sehr hohe Temperaturen. Je höher die Temperatur, desto schneller bewegen sich die Atome, aus denen ein Himmelskörper besteht; und wenn die Temperatur 5 Millionen Grad übersteigt, dann können sich Wasserstoffatome so schnell bewegen, dass sie bei Kollisionen nicht mehr voneinander abprallen, sondern zu Heliumatomen fusionieren. Diese Kernfusion setzt Energie frei, das Objekt leuchtet, und wir nennen es einen »Stern«.

Ein Stern muss mindestens 7 Prozent der Masse unserer

Sonne haben, um selbst leuchten zu können. Das entspricht dem 75-Fachen der Masse des Gasplaneten Jupiter; nur ab dieser Masse können Wasserstoffatome fusioniert werden. Zumindest wenn es sich um normalen Wasserstoff handelt, also das Atom, dessen Atomkern nur aus einem einzigen Proton besteht. Von vielen Atomen existieren aber auch Varianten, die sogenannten »Isotope«. Eines der Isotope des Wasserstoffs wird »Deuterium« genannt und hat einen Atomkern, der aus einem Proton und einem Neutron besteht. Dieses Deuterium lässt sich aber schon bei viel niedrigeren Temperaturen zu Helium fusionieren als der »normale« Wasserstoff. Hier reicht schon ein Objekt mit der 13-fachen Masse des Jupiter.

Mit weniger als 13 Jupitermassen ist eine Kernfusion grundsätzlich nicht möglich, und wir haben es bei einem solchen Himmelskörper definitiv nicht mit einem Stern zu tun. Bei mehr als 75 Jupitermassen, wenn also normaler Wasserstoff zu Helium fusioniert wird, handelt es sich wiederum mit absoluter Sicherheit um einen Stern. Spannend ist der Bereich dazwischen, die Grauzone, in der nicht ganz klar ist, ob man von einem Stern reden kann oder nicht.

Diese Grauzone hat sich der amerikanische Astronom Shiv Kumar im Jahr 1962 genauer angesehen. Nicht am Himmel, sondern durch die theoretische Modellierung solcher Himmelskörper, durch die er vorherzusagen versuchte, was in ihnen ablaufen könnte. Er stieß dabei auf Objekte, die zwar ein wenig wie Sterne leuchten, aber nicht sehr hell und nicht sehr lange – und zwar deshalb, wie er herausfand, weil sie nicht normalen Wasserstoff, sondern Deuterium zu Helium fusionieren.

Es gibt im Universum allerdings deutlich mehr normalen Wasserstoff als Deuterium. Sterne wie unsere Sonne können nur deswegen Milliarden Jahre lang leuchten, weil sie zu einem überwiegenden Teil aus Wasserstoff bestehen. Ihr Anteil an Deuterium ist verschwindend gering. Ein Objekt, das nur diese winzige Menge an Deuterium als Brennstoff zur Verfügung hat, kann zwar auch leuchten – tut das aber nur für höchstens ein paar Hundert Millionen Jahre und gibt dabei sehr viel weniger Energie ab. Solche Himmelskörper glimmen nur ein wenig vor sich hin, bevor ihr Feuer erlischt und sie immer weiter erkalten.

Shiv Kumar nannte diese – damals nur auf dem Papier existierenden – fehlgeschlagenen Sterne »Schwarze Sterne«; später wurde von der amerikanischen Astronomin Jill Tarter der heute gebräuchliche Name »Braune Zwerge« etabliert. Ob es so ein Mittelding zwischen Stern und Planet aber auch in der Realität gibt, war lange Zeit unklar. Ein Brauner Zwerg ist notorisch schwer zu entdecken. Im Vergleich zu echten Sternen muss er klein sein; kaum größer als Jupiter. Er leuchtet, wenn überhaupt, nur sehr schwach und gibt oft das meiste seiner Strahlung im für unsere Augen nicht sichtbaren Infrarotbereich ab. Und die im Prinzip leichter zu entdeckenden helleren und massereicheren Braunen Zwerge lassen sich schwer von den roten Zwergsternen unterscheiden, die es gerade noch so über die Grenze von 75 Jupitermassen geschafft haben.

Erst im Jahr 1995 gelang der erste zweifelsfreie Nachweis eines Braunen Zwergs. Rafael Rebolo López vom Astrophysikalischen Institut der Kanarischen Inseln in Spanien und seine Kollegen beobachteten Sterne im 400 Lichtjahre entfernten Sternhaufen der Plejaden. Dabei entdeckten sie Teide 1: ein Objekt, das ungefähr 50-mal so schwer wie Jupiter ist und mit einer Oberflächentemperatur von etwa 2000 Grad deutlich kühler als unsere Sonne.

Später konnte auch das chemische Element Lithium in Teide 1 nachgewiesen werden. Das war der endgültige Beleg für seine Natur als Brauner Zwerg. Wäre er ein echter Stern gewesen, hätten die dort stattfindenden Kernfusionsprozesse und die hohen Temperaturen in seinem Inneren das Lithium schon längst zerstört.

Inzwischen haben wir Tausende Braune Zwerge überall in unserer Milchstraße entdeckt und wissen, dass die vermeintlich klare Trennung zwischen »Sternen« und »Planeten« nicht existiert. Den Platz dazwischen nehmen die tapfer glimmenden Braunen Zwerge ein, die es zwar nicht zum hell leuchtenden Stern gebracht haben, deswegen aber kein bisschen weniger faszinierend sind.

23

Aldebaran

Rendezvous in ferner Zukunft

In ungefähr zwei Millionen Jahren wird Aldebaran Besuch bekommen. Die am 3. März 1972 von der Erde aus gestartete Raumsonde Pioneer 10 wird dann die 65 Lichtjahre zurückgelegt haben, die uns von diesem Stern trennen. Auf Aliens wird die Sonde dort aber vermutlich nicht treffen, denn Aldebaran hat sein Leben als Stern schon so gut wie beendet.

Aldebaran im Sternbild Stier ist ein lohnendes Ziel für die nächtliche Himmelsbeobachtung. Schon mit bloßem Auge ist der hell leuchtende Stern nicht nur sehr gut zu erkennen, man sieht auch deutlich seine rote Farbe. Die ist ein Hinweis auf seine geringe Temperatur; Aldebaran ist 2000 Grad kälter als die Sonne. Doch obwohl er nicht so heiß ist, leuchtet er viel heller als sie.

Denn Aldebaran ist ein »Roter Riese«. Seine Masse beträgt nur das 1,5-Fache der Sonne, er ist aber 44-mal größer als unser Stern. Das war nicht immer so. Früher war Aldebaran ein ganz normaler Stern, der das tat, was ganz normale Sterne tun: Sie fusionieren in ihrem Inneren Wasserstoffatome zu Helium und setzen bei dieser Kernfusion Energie frei. Wenn aber der Wasserstoff im Kern irgendwann zur Neige geht, bleibt nur noch Helium als Brennstoff übrig. In dieser letzten kurzen Phase des Sternenlebens erzeugt ein Stern in seinem Zentrum viel mehr Energie als zuvor – und er bläht sich auf.

Der große rote Aldebaran ist also gut sichtbar, vor allem auch wegen seiner Position am Himmel. Er steht gleich neben der markanten Sternengruppe der Plejaden, denen er zu folgen scheint, während sich alle Sterne aufgrund der Erddrehung gemeinsam über den Himmel bewegen. So hat er auch seinen Namen bekommen, der aus dem Arabischen stammt und »der (Nach-)Folgende« bedeutet.

Nachfolgen wird Aldebaran auch die Sonne. Auch sie wird sich am Ende ihres Lebens aufblähen und zu einem Roten Riesen werden. Was dabei mit der Erde passieren wird, ist noch nicht ganz klar. Die beiden innersten Planeten Merkur und Venus werden von der sterbenden Sonne auf jeden Fall verschluckt und zerstört werden. Die Erde könnte ein ähnliches Schicksal erleiden – oder ihm auch gerade so entkommen. Denn während die Sonne sich aufbläht, verliert sie auch ein wenig ihrer Masse. Sie wird so groß, dass sie die äußersten Schichten ihrer Atmosphäre nicht mehr festhalten kann, die sich dann im All verflüchtigen. Durch den Massenverlust nimmt ihre Anziehungskraft ab, und die Planeten rücken auf ihren Umlaufbahnen ein wenig nach außen.

Sehr besorgt müssen wir ob dieser Unkenntnis unserer Zukunft aber nicht sein. Das alles wird erst in fünf bis sechs Milliarden Jahren passieren, und es ist dann auf der Erde schon längst so heiß geworden, dass dort kein Leben mehr existieren kann. Und auch Pioneer 10 wird dann schon lange an Aldebaran vorbeigeflogen sein. Der Kontakt mit der Sonde, die zur Erforschung der äußeren Planeten des Sonnensystems geplant wurde und die sich danach in Richtung Sterne aufgemacht hat, ist allerdings schon im Jahr 2003 abgebrochen.

Dabei wäre es natürlich spannend zu wissen, was sie bei Aldebaran gesehen haben könnte. Denn 1998 hat man einen Planeten entdeckt, der den Roten Riesen umkreist. Keiner, auf dem Leben möglich wäre, es handelt sich um einen gewaltigen Gasplaneten, der sechsmal so schwer wie Jupiter ist. Aber er hat die letzte Phase im Leben seines Sterns offensichtlich überstanden. Und wer weiß: Vielleicht gibt es dort doch noch irgendwo einen Mond oder eine Raumstation, die diesen Planeten umkreist und auf der irgendein Wesen lebt, das uns erzählen könnte, wie es aussieht, wenn ein Stern stirbt …

24

WISE 0855-0714

Einsam im Weltall

WISE 0855-0714 ist kein Stern. Wie wir Objekte wie ihn stattdessen nennen sollen, wissen wir aber auch noch nicht so genau. »Brauner Zwerg planetarer Masse«, »Y-Zwerg« oder »Objekt planetarer Masse« sind Begriffe, die in der Vergangenheit verwendet worden sind. Ebenso wie »Vagabundierender Planet«, »Waisenplanet« oder »Einzelgänger-Planet«. Der letzte Name ist vielleicht am treffendsten: WISE 0855-0714 ist ein Objekt mit der 3- bis 10-fachen Masse des Jupiters, das sich 7,5 Lichtjahre von der Sonne entfernt durch den Weltraum bewegt. Alleine, ohne einen Stern zu umkreisen.

Deswegen tut man sich auch schwer, es eindeutig als »Planeten« zu bezeichnen, denn darunter versteht die Astronomie normalerweise nur Himmelskörper, die sich in einer Umlaufbahn um einen Stern befinden. Nirgendwo in der näheren Umgebung von WISE 0855-0714 ist jedoch ein Stern zu finden, zu dem er gehören könnte. Er ist ein Einzelgänger – ein Schicksal, mit dem er nicht alleine ist. Man schätzt die Anzahl der ungebundenen, vagabundierenden »Planeten« in unserer Milchstraße auf etwa 400 Milliarden. Das sind fast doppelt so viele, wie es Sterne in unserer Galaxie gibt!

Ihre Existenz kommt nicht überraschend. Normale Planeten wie unsere Erde und die restlichen sieben, die unser Sonnensystem bilden, entstehen aus einer großen Scheibe voll Gas und Staub, die sich um einen jungen Stern bildet. Das Material in der Scheibe ballt sich im Laufe der Zeit zu immer größeren Objekten zusammen, bis irgendwann Planeten entstehen. Wir wissen aber aus zahlreichen Computersimulationen dieser Vorgänge, dass immer deutlich mehr Planeten entstehen, als am Ende übrig bleiben. Im jungen Sonnensystem haben vermutlich ein paar Dutzend Planeten existiert.

Für derart viele Himmelskörper war jedoch kein Platz – sie haben sich gegenseitig mit ihrer Gravitationskraft beeinflusst, ihre Umlaufbahnen waren alles andere als stabil, und immer wieder kam es zu Kollisionen. Bei einem solchen Zusammenstoß zwischen der jungen Erde und einem anderen Planeten ist vor 4,5 Milliarden Jahren auch unser Mond entstanden. Die Erde hat die Katastrophe gerade so überlebt, der marsgroße andere Planet allerdings nicht. Manche der frühen Planeten fielen direkt in die Sonne und andere wurden bei Beinahe-Kollisionen komplett aus dem Sonnensystem geschleudert. Am Ende dieser chaotischen Anfangszeit blieben bei uns die acht bekannten Planeten übrig. Der Rest wurde zerstört – oder wandert nun alleine und ohne Stern durchs All.

Was bei uns passierte, ist auch überall anders geschehen, wo Planeten entstehen. Überall sind junge Himmelskörper durch die chaotischen Prozesse während ihrer Entstehung aus ihren Systemen geschleudert worden. Die enorme Zahl an vagabundierenden Planeten ist also kein Wunder. Viel erstaunlicher ist, dass wir sie auch entdecken können.

Bei WISE 0855-0714 war das vor allem deswegen möglich, weil er uns so nahe ist. Nur die Sterne des Alpha-Centauri-Systems, Barnards Stern und die beiden Braunen Zwerge des Luhman-16-Systems sind der Sonne noch näher. Ein vagabundierender Planet hat zwar keinen Stern, der ihn anleuchtet, aber in seinem Inneren immer noch genug Wärme aus der Zeit seiner Entstehung gespeichert, die er ins All abgibt. Er leuchtet daher ganz schwach im Infrarotlicht, und ein Teleskop, das diese Wärmestrahlung beobachten kann, kann diese Objekte entdecken. Genau das ist dem Weltraumteleskop WISE im Jahr 2013 gelungen.

Wir müssen uns übrigens keine Sorgen machen, dass einer der vielen vagabundierenden Planeten auf seinem Weg durch die Milchstraße aus Versehen mit der Erde kollidiert. Es gibt zwar sehr viele von ihnen, aber es gibt in unserer Galaxie auch sehr, sehr viel Platz. In einem Volumen von 100 Kubiklichtjahren ist rein statistisch gesehen nur mit zwei vagabundierenden Planeten zu rechnen. Die Wahrscheinlichkeit einer Kollision ist also so enorm gering, dass man sie getrost ignorieren kann. Lone wolves – aber in diesem Fall definitiv ungefährlich.

25

Wolf 359

Die Schlacht um die Erde

Nur knapp acht Lichtjahre von der Erde entfernt befindet sich der kleine Stern mit der Bezeichnung »Wolf 359«. Dort verteidigte eine Flotte aus 40 Raumschiffen das Schicksal unseres Planeten. Die Invasion der außerirdischen Kräfte konnte nur knapp und unter großen Verlusten verhindert werden.

Das alles fand im Jahr 2367 statt und nicht im echten Universum, sondern in der Welt von »Star Trek«. Wolf 359 war in zwei Folgen der Serie »Raumschiff Enterprise – das nächste Jahrhundert« der Schauplatz der Schlacht zwischen der Sternenflotte und den Borg. Die komplette Assimilation und Auslöschung der Menschen auf der Erde konnte gerade noch aufgehalten werden. Und der Stern mit dem Namen »Wolf 359« ist seitdem unter allen Science-Fiction-Fans bekannt.

In der echten Welt tauchte dieser Himmelskörper das erste Mal 1919 in einem Katalog des deutschen Astronomen Max Wolf auf. Der 359ste Stern in seiner Liste stellte sich dann ein paar Jahre später als unmittelbarer Nachbar der Sonne heraus. Nur die Sterne im Alpha-Centauri-System und Barnards Stern sind uns noch näher als Wolf 359. Mit bloßem Auge ist der kleine und extrem schwach leuchtende Himmelskörper im Sternbild Löwe allerdings nicht sichtbar. Für die Astronomie ist er aufgrund seiner Helligkeitsänderungen interessant, die Einblicke in sein turbulentes Innenleben ermöglichen. Der Rest der Welt, zumindest der Teil, der sich für das Raumschiff Enterprise interessiert, ist vermutlich eher von der fiktiven Weltraumschlacht fasziniert, bei der immerhin kein Geringerer als Captain Jean-Luc Picard persönlich von den Borg gefangen genommen wurde (und wer nicht weiß, wer das ist, ist mit Sicherheit kein Science-Fiction-Fan).

Gerade in der Astronomie besteht eine lange Tradition der wechselseitigen Inspiration von Science-Fiction und Wissenschaft. Allein Wolf 359 taucht in mehr als einem Dutzend einschlägiger Bücher, Filme und Computerspiele auf, und jede Menge andere reale Sterne und Planeten sind Schauplätze fiktionaler Geschichten geworden. Wie zum Beispiel in der größten und am längsten laufenden Science-Fiction-Serie der Welt. Sie erzählt seit 1961 durchgehend und in mehr als 3000 Bänden die Geschichte von »Perry Rhodan«. Und gleich in einer der ersten Folgen landen der Held und seine Mitstreiter auf der Venus. In der fiktiven Welt der Serie ist die Venus ein warmer Dschungelplanet; dicht bewachsen mit Pflanzen und bewohnt von jeder Menge Lebewesen, darunter auch riesige dinosaurierähnliche Tiere.

Als diese Geschichte im Jahr 1961 geschrieben wurde, war schon einigermaßen klar, dass man auf der Venus nicht mit Dinosauriern rechnen kann. Wie es auf unserem Nachbarplaneten wirklich aussieht, wusste man aber noch nicht. Die Raumfahrt hatte gerade erst begonnen, und die erste Landung einer Sonde auf der Venus lag noch in der Zukunft. Man wusste, dass die Venus in etwa so groß ist wie die Erde und sich ein wenig näher an der Sonne befindet. Sie ist komplett in eine dicke Wolkenschicht eingehüllt, weswegen man ihre Oberfläche von der Erde aus nicht beobachten kann. Und auch wenn es schon ab 1956 Hinweise darauf gab, dass dort extrem hohe Temperaturen herrschen, war es 1961 immer noch nicht völlig unplausibel, sich dort eine Welt wie auf der Erde vorzustellen, nur eben ein wenig wärmer.

Der Dschungelplanet aus »Perry Rhodan« war damals Science-Fiction im buchstäblichen Sinn: also eine auf dem aktuellen Stand der Wissenschaft basierende Spekulation über das, was möglich sein könnte. Dass sich diese Spekulation später als völlig falsch erwiesen hat (wir wissen heute, dass auf der Venus extrem lebensfeindliche Temperaturen von mehr als 400 Grad herrschen), ist nicht tragisch. Denn genau das ist ja die Rolle der Wissenschaft in diesem Spiel. So wie die Science-Fiction sich von der Wissenschaft inspirieren lässt, wird die Fantasie der Wissenschaft durch die Spekulationen der Science-Fiction angeregt.

Viele astronomische Karrieren haben mit Perry Rhodan, Raumschiff Enterprise oder anderen fiktiven Abenteurern begonnen. Die Wissenschaft dagegen liefert den Science-Fiction-Helden die Bühne für ihre Erlebnisse. Das fruchtbare

Wechselspiel zwischen Fantasie und Wirklichkeit wird hoffentlich auch weiter für neue Erkenntnisse über echte und ausgedachte Welten sorgen. Immerhin teilt man sich das gleiche Motto: »To boldly go where no one has gone before!«

(26)

SN 1990O

Das ungelöste Rätsel der Dunklen Energie

Die Sache schien vergleichsweise einfach: Vor 13,8 Milliarden Jahren hat das Universum damit begonnen, sich auszudehnen. Da im Universum jedoch auch jede Menge Materie vorhanden ist, sollten dieser Ausdehnung gewisse Grenzen gesetzt sein. Denn all die Billionen Galaxien mit ihren Milliarden von Sternen sorgen mit ihrer Gravitationskraft dafür, dass die Expansion im Laufe der Zeit langsamer wird – sie zerren am expandierenden Universum, das dadurch an Schwung verliert.

Wie gesagt, vergleichsweise einfach. Denn was man noch nicht wusste, war, wie stark die Gravitationskraft die Expansion mittlerweile abgebremst hatte. Genau diesem Rätsel wollten Astronominnen und Astronomen in den 1990er-Jahren auf den Grund gehen. Nur – wie tut man das? Wie misst man die Expansion des Universums, und vor allem: Wie misst man die Expansion des Universums in der Vergangenheit?

Dazu braucht man zunächst eine ausreichend große Anzahl an Supernova-Explosionen vom Typ Ia. Damit bezeichnet man das, was passiert, wenn ein Weißer Zwerg kurzfristig wieder zum Leben erwacht. Und ein Weißer Zwerg ist das, was von einem kleinen Stern wie unserer Sonne übrig bleibt, wenn er keinen Brennstoff mehr für die in seinem Inneren ablaufende Kernfusion hat. Er kollabiert unter seinem eigenen Gewicht, und es entsteht ein extrem dichter Himmelskörper, der nicht mehr viel mehr tut, als abzukühlen.

Es sei denn, er war Teil eines engen Doppelsternsystems. Dann kann Material von seinem noch existierenden Partnerstern auf den Weißen Zwerg übergehen und seine Masse erhöhen. Wenn diese Masse einen ganz bestimmten Grenzwert überschreitet, setzt die Kernfusion spontan und dramatisch wieder ein. Der Weiße Zwerg beginnt zu leuchten; sehr viel heller als zuvor und so heftig, dass er sein Leben endgültig in Form einer gewaltigen Explosion beendet.

Das aus astronomischer Sicht Praktische an dieser speziellen Art von Supernova ist die Tatsache, dass die Grenzmasse, bei der sie einsetzt, immer gleich ist. Die Explosionen verlaufen also immer identisch, und wie hell wir sie von der Erde aus beobachten können, hängt nur von ihrem Abstand ab. Und weil sie so enorm leuchtkräftig sind, können wir sie auch noch in sehr großen Entfernungen beobachten; selbst dann noch, wenn sie in anderen Galaxien stattfinden.

Außer zum Errechnen der Entfernung kann man kann das Licht der Explosion aber auch noch auf eine andere Art untersuchen. So wie sich die Tonhöhe der Sirene eines an uns vorbeifahrenden Krankenwagens verändert, ändert sich auch das Licht einer sich von uns entfernenden Lichtquelle. Das Prinzip ist dasselbe, nur dass es sich in diesem Fall um eine Licht- und nicht um eine Schallwelle handelt und dass sich statt der Tonhöhe die Farbe des Lichts verändert, und zwar umso mehr, je schneller sich der Stern von uns entfernt.

Bei diesen Supernova-Explosionen kann man also bestimmen, wie weit sie entfernt sind und wie schnell sie sich von uns entfernen. Die Bewegung, um die es hier geht, ist aber größtenteils keine reale Bewegung der Weißen Zwerge durch den Raum, sondern wird durch die Expansion des Universums verursacht. Hinzu kommt: Je größer die Entfernung, aus der wir ein Objekt beobachten, desto länger hat sich sein Licht durch das All bis zu uns bewegt. Und desto älter ist das Bild, das wir sehen. Ferne Supernova-Explosionen zeigen uns also, wie schnell sich das Universum in der Vergangenheit ausgedehnt hat. Mit der Beobachtung vieler solcher Ereignisse in unterschiedlichen Abständen kann man bestimmen, wie stark sich die Expansion des Kosmos im Lauf der Zeit verlangsamt hat.

Genau darum haben sich zwei unterschiedliche Forschungsgruppen in den 1990er-Jahren unabhängig voneinander auf die Suche nach Supernova-Explosionen gemacht. Die erste zeigte sich im Jahr 1990 in einer unscheinbaren Galaxie im Sternbild Herkules. Ihr Licht war mehr als 400 Millionen Jahre lang bis zu uns unterwegs. Dieser ersten Supernova mit der Bezeichnung SN 1990O folgten noch ein paar Dutzend weitere in unterschiedlich weit entfernten Galaxien.

Die Ergebnisse, zu denen die beiden Forschungsgruppen kamen, stellten die bis dato gültigen Modelle dann gehörig auf den Kopf. Die Daten zeigten nämlich, dass das Universum gar nicht immer langsamer expandiert. Ganz im Gegenteil: Die Ausdehnung erfolgt immer schneller und schneller! Das war ein Befund, mit dem damals niemand gerechnet hatte, aber er wurde von zwei Teams unabhängig voneinander entdeckt und seither immer wieder bestätigt.

Irgendetwas sorgt also dafür, dass die Expansion des Universums sich sukzessive beschleunigt. Um was es sich dabei handelt, stellt die Astronomie bis heute vor ein großes Rätsel. Man hat dem Phänomen den sprechenden Namen »Dunkle Energie« gegeben (was übrigens nichts mit »Dunkler Materie« zu tun hat). Seine Existenz ist mittlerweile so zweifelsfrei bestätigt, dass seine Entdecker 2011 den Nobelpreis für Physik bekommen haben. Der Ursache der beschleunigten Expansion ist man aber bis heute nicht auf die Schliche gekommen. Es sieht derzeit danach aus, als würde im »leeren« Raum selbst eine Art von Energie stecken – je größer das Universum im Laufe der Zeit wurde, desto mehr Raum und damit desto mehr Energie war vorhanden. Diese Energie treibt die Expansion an – aber warum sie das tut und woher sie kommt, weiß momentan noch niemand. Das Rätsel der Dunklen Energie bleibt vorerst ungelöst.

27

Algol

Der Teufelsstern

Algol hat keinen guten Ruf. Der 90 Lichtjahre entfernte Stern, den man auch mit bloßem Auge hell im Sternbild Perseus leuchten sehen kann, hat im Lauf der Zeit viele Namen bekommen. Im antiken Griechenland hieß er »Gorgonea Prima«, benannt nach den Gorgonen, mythologischen Schreckgestalten, denen Schlangen anstelle von Haaren aus dem Kopf wuchsen und die alle zu Stein werden ließen, die sie anschauten. Sein arabischer Name ist »ra's al-ġūl«, der »Kopf des Dämons«, und wurde später zu »Algol« verkürzt. Algol wurde »Teufelsstern« genannt, oder »Schreckgespenst«, und in der mittelalterlichen Astrologie zählte er zu den Unglückssternen.

Aber was hat den Ruf des Sterns so ruiniert? Warum ist unter all den Sternen am Himmel gerade Algol das Monster? Weil er sich nicht an die Regeln hält! Die anderen Sterne am Himmel leuchten still und beständig vor sich hin. Algol jedoch scheint sich zu verändern, wird heller und dunkler, und das in einem Ausmaß, dass es auch ohne technische Hilfsmittel deutlich zu erkennen ist. Im Lauf von nur drei Tagen unterliegt seine Helligkeit so großen Schwankungen, dass er den Menschen vor 2000 Jahren in der Tat schlaflose Nächte bereitet haben dürfte.

Denn damals hatte man ja noch keine detaillierte Vorstellung von dem, was da am Himmel eigentlich passiert. Man kannte die wahre Natur der Sterne nicht. Der Himmel war nicht selten Teil einer mysteriös-mythischen Vorstellungswelt, und nicht wenige Menschen betrachteten die Vorgänge dort als Botschaften der Götter. Das Studium der Sterne erlaubte den Blick in die Zukunft, zeigte an, wenn Ereignisse von besonderer Wichtigkeit geschahen, wann mit Katastrophen zu rechnen war und wann Krieg, Tod und Verderben über die Menschen kommen würden. Und ein Stern wie Algol, der sich so ganz anders verhält als all die anderen Sterne, der nicht zur Ruhe kommt und mal heller, mal dunkler am Himmel steht: Der muss nicht nur die besondere Aufmerksamkeit der Menschen erregt, sondern sie auch beunruhigt haben.

Heute wissen wir, was es mit Algol auf sich hat. Dort treiben keine Dämonen und Teufel ihr Unwesen. Aber es gibt dort mehr als nur einen Stern. Es handelt sich um ein Dreifachsternsystem, in dem zwei der Sterne eng umeinander kreisen. Der eine sehr groß und hundert Mal heller als unsere Sonne; der andere deutlich leuchtschwächer. Wenn beide Sterne von uns aus gesehen genau nebeneinanderstehen, erreicht uns das meiste Licht von Algol. Verdeckt einer der beiden Sterne den anderen, dann nimmt die Gesamthelligkeit ab.

Es handelt sich um einen sogenannten »bedeckungsveränderlichen Stern«, also einen Stern, dessen Helligkeit nicht aufgrund irgendwelcher in ihm selbst ablaufender Vorgänge schwankt, sondern schlicht deshalb, weil es sich eigentlich um zwei Sterne handelt, die einander abwechselnd verdecken. Dieses Phänomen lässt sich immer wieder beobachten, und Algol ist zum Namensgeber für eine ganze Klasse solcher Himmelskörper geworden: die Algolsterne. Es gibt übrigens sogar konkrete Hinweise darauf, dass sein seltsames Verhalten die Menschen schon vor über 3000 Jahren erschreckt hat. In einem 1943 entdeckten ägyptischen Papyrus hat man einen »Tagewählkalender« gefunden, also eine Art Zusammenstellung guter und schlechter Tage. Eine genaue Untersuchung dieses Kalenders hat ergeben, dass sich Glücks- und Unglückstage mit einer Periode von 2,9 Tagen abwechseln – was ziemlich genau der Periode entspricht, in der Algol seine Helligkeit ändert. Es kann sich hierbei natürlich auch nur um Zufall handeln. Aber der Stern könnte auch tatsächlich schon damals als Taktgeber des Unheils gegolten haben. Und wer seinen schlechten Ruf so lange mit sich herumträgt, wird ihn dann auch nur ganz schwer wieder los.

28

Polarstern

Einer von vielen

Der Polarstern ist nicht der hellste Stern am Nachthimmel, auch wenn man das immer wieder hören kann. In der Liste der hellsten Sterne schafft er es nur auf Platz 47. Seine Prominenz hat er seiner Position zu verdanken. Und dem Wackeln der Erde.

Der Polarstern, auch Alpha Ursae Minoris oder Polaris genannt, liegt 430 Lichtjahre entfernt im Sternbild »Kleiner Bär«, und dort ist er tatsächlich der hellste Stern. Wenn man mit einem Teleskop ganz genau hinschaut, dann sieht man, dass es sich eigentlich um ein Dreifachsternsystem handelt. Der Stern, den wir auch mit bloßem Auge gut erkennen können, ist ein heißer Riesenstern, der 2000-mal heller als unsere Sonne leuchtet. Er wird von einem Zwergstern begleitet, und um beide herum bewegt sich der dritte Stern des Ensembles.

Was ihn aber wirklich besonders macht, ist seine Position am Himmel. Verlängert man die Achse, um die sich unsere Erde in 24 Stunden einmal dreht, von ihrem nördlichen Ende bis in den Himmel hinauf, dann trifft man ziemlich genau den Punkt, an dem sich der Polarstern befindet. Der »Himmelsnordpol« ist der Punkt, um den sich alle Sterne im Laufe einer Nacht scheinbar drehen. In Wahrheit tun sie das natürlich nicht, sondern bleiben, wo sie sind. Aber weil sich eben die Erde um ihre Achse dreht und wir uns mit ihr, hat es für uns den Anschein, als würden alle Sterne Kreise um den Himmelspol und damit auch um den Polarstern ziehen, der sich als einziger Stern am Himmel nicht zu bewegen scheint.

Polaris ist daher auch sehr nützlich, wenn man wissen will, wo Norden ist, und gerade keinen Kompass zur Hand hat. Diese praktische Bedeutung spiegelt sich auch in seinen diversen alten Namen wieder. Im angelsächsischen England wurde er beispielsweise »scip-steorra« genannt, also »Schiff-Stern«, weil die Navigatoren sich auf hoher See von ihm leiten ließen, was ihm auch den Namen »lodestar«, also »Leitstern« einbrachte. Die indische Astronomie kannte ihn unter »dhruva«, was so viel wie »feststehender« oder »unbewegter Stern« bedeutet.

Aber auch wenn der Polarstern uns als Idealbild der Unbeweglichkeit und als verlässliche Navigationshilfe erscheint, können wir uns nicht beliebig lange auf ihn verlassen. Denn die Rotationsachse der Erde ist nicht stabil. Die Gravitationskräfte von Mond und Sonne ziehen an ihr, und sie beschreibt im Laufe der Zeit einen kleinen Kreis am Himmel. Momentan ist sie zufällig fast genau auf den Punkt gerichtet, an dem sich der Polarstern befindet. Im 4. Jahrhundert vor Christus allerdings beschrieb der griechische Geograf Pytheas von Massalia den Himmelsnordpol als frei von Sternen und hatte damit auch durchaus recht: Damals zeigte die Erdachse in eine andere Richtung. In der Astronomie des alten China trug der Stern, den wir heute »Kochab« nennen, den Namen 北極二, was so viel wie »Zweiter Stern des Nordpols« bedeutet, und tatsächlich war vor 2000 bis 3000 Jahren dieser Stern dem Himmelsnordpol sehr viel näher als der Polarstern.

Noch früher verwendeten die Menschen den Stern Thuban (auch »Alpha Draconis« genannt) als Polarstern. Der Riesenstern im Sternbild Drache war von 3942 bis 1793 vor Christus der Stern, der dem Himmelspol am nächsten war; noch näher, als es der Polarstern heute ist.

Und wenn wir noch weiter zurückgehen, nahmen Sterne wie Tau Herculis oder Wega die Rolle des Polarsterns ein – und sie werden das irgendwann auch wieder tun. Noch bis ins 22. Jahrhundert wird sich der Himmelsnordpol aufgrund der schwankenden Erdachse dem Polarstern annähern. Dann wird seine Rolle langsam von Sternen wie Gamma Cephei oder Alderamin übernommen, bis in 12 000 Jahren dann wieder die Wega an der Reihe ist. Die Kreiselbewegung der Erdachse hat eine Periode von etwa 25 700 Jahren, und so lange dauert es daher auch, bis der Polarstern wieder seine uns heute vertraute Rolle einnehmen kann. Im Gegensatz zur verlässlichen Bewegung der Erde lässt sich allerdings nicht vorhersagen, ob es dann noch jemanden gibt, der von ihr aus zum Himmel blicken wird.

(29)

TYC 278-748-1

Im Schatten der Asteroiden

Wie groß ist ein Stern? Sehr groß, so viel ist sicher. Aber in der Astronomie will man es natürlich genau wissen. Es gibt große Sterne und kleine Sterne, und wenn wir sie verstehen wollen, sollten wir möglichst genau herausfinden, welche Ausdehnung sie tatsächlich haben. Sehen tun wir aber vorerst nur Lichtpunkte am Himmel. Nur mit den allergrößten Teleskopen und bei den nahe gelegenen Sternen können wir direkt messen, wie groß sie sind. In der Astronomie ist man aber daran gewöhnt, mehrmals um die Ecke denken zu müssen, um am Ende an die Daten zu gelangen, die man haben möchte.

Ein sehr schönes Beispiel dafür ist der Stern mit der Katalognummer TYC 278-748-1. Er befindet sich im Sternbild Jungfrau und hat sich bis zum 22. Mai 2018 eher unauffällig verhalten. An diesem Tag aber wurde er vom 88 Kilometer großen Asteroiden Penelope bedeckt. So etwas passiert immer wieder – an Sternen und Asteroiden mangelt es ja nicht am Himmel, und von uns aus gesehen zieht etwa einmal pro Woche einer der nahe gelegenen kleinen Felsbrocken des Sonnensystems an einem Stern vorbei.

Der Stern erlischt bei einem solchen Ereignis aber nicht wie eine Lampe, die plötzlich ausgeschaltet wird. Auch wenn er von uns aus gesehen nur wie ein Punkt erscheint, ist er ja doch ein ausgedehntes Objekt. Es dauert daher ein wenig, bis der Asteroid ihn vollständig bedeckt hat. Wie viel Zeit vom ersten Kontakt bis zur kompletten Dunkelheit vergeht, hängt von der Geschwindigkeit ab, mit der sich der Asteroid bewegt, und natürlich auch von der Größe des Sterns.

Ein optischer Effekt verhindert aber die direkte Messung der Sterngröße während der Verdunkelung. Denn das Licht des Sterns wird gebeugt; ein Phänomen, das immer dann auftritt, wenn eine Lichtwelle auf ein Hindernis trifft. Ein Teil des Lichts wird dabei so abgelenkt, dass es sich auch in Richtungen ausbreiten kann, die ansonsten vom Hindernis versperrt gewesen wären. In diesem Fall bedeutet das: Der Asteroid wirft keinen scharfen Schatten; stattdessen ist der innere Bereich des Schattens von einem Lichtmuster aus hellen und dunklen Wellen umgeben. Das macht es vorerst unmöglich, exakt zu messen, wie lange es dauert, bis das Licht des Sterns verschwunden ist. Allerdings kann man aus der Art und Weise, wie sich das Muster verändert, während der Asteroid sich vor den Stern schiebt, berechnen, welchen Durchmesser die Lichtquelle hat.

Aber nur wenn genügend Daten zur Verfügung stehen. Man muss die Helligkeit des verschwindenden Sterns ein paar Hundert Mal pro Sekunde messen. Dazu braucht es Teleskope, die Helligkeitsänderungen sehr schnell registrieren können. In diesem Fall hat man VERITAS zweckentfremdet, das »Very Energetic Radiation Imaging Telescope Array System« am Fred-Lawrence-Whipple-Observatorium in Arizona. Diese Geräte sind normalerweise dazu da, sogenanntes Tscherenkow-Licht zu registrieren. Das entsteht unter anderem dann, wenn Gammastrahlung auf die Lufthülle unserer Erde trifft. Diese Art der Strahlung geben manche Sterne ebenso wie alle anderen Arten von elektromagnetischen Wellen ab, und deswegen ist es nicht verwunderlich, dass die Astronomie daran interessiert ist. Um sie beobachten zu können, muss man sich allerdings ein wenig anstrengen, denn die Erdatmosphäre lässt die Gammastrahlung nicht durch. Das ist auch gut so, da diese Strahlung zu massiven Schäden in unserem Gewebe und unserer DNA führen kann. Die Atmosphäre ist aber auch störend für die Astronomen, die Gammadetektoren ins All schicken müssen, um den Himmel *direkt* im Gammalicht beobachten zu können. Wie so oft behelfen sich die Wissenschaftler hier jedoch auf indirektem Weg. Wenn die Gammastrahlung auf die Moleküle der Luft trifft, entstehen Teilchen wie zum Beispiel Elektronen, die sich sehr schnell bewegen. So schnell, dass sie sogar das Licht überholen können, das sich in der Atmosphäre ebenfalls ein wenig langsamer ausbreitet als im Vakuum. Nur im absolut leeren Raum bewegt es sich mit der konstanten Licht- und Höchstgeschwindigkeit von 299 792,458 Kilometern pro Sekunde; durchquert es Luft, Wasser oder ein anderes Medium, wird es abgebremst. Wenn sich nun Teilchen in einem derartigen Medium schneller als das Licht bewegen, erzeugen sie das visuelle Äquivalent eines Überschallknalls: einen hellen Lichtblitz. Den kann man nun mit speziellen Teleskopen am Erdboden beobachten – und so messen, wo und wie viel Gammastrahlung vom Himmel gekommen ist.

Am Gammalicht der Sterne waren die Wissenschaftlerinnen und Wissenschaftler allerdings nicht interessiert, als sie am 22. Mai 2018 den Stern TYC-278-748-1 mit den VERITAS-Teleskopen beobachteten. Um »schöne« Bilder des Sterns zu machen, wären die Gammastrahlenteleskope ebenfalls nicht gut geeignet. Aber sie können eben auch schwaches Licht sehr schnell registrieren, und genau das war in diesem Fall gefragt.

Mehr als 300-mal pro Sekunde wurde die Helligkeit des Sterns gemessen und aus den bei der Verdunkelung auftretenden Helligkeitsschwankungen sein Durchmesser extrem genau berechnet. Er ist genau 2,173-mal so groß wie die Sonne und damit der kleinste Stern, der bis jetzt vermessen wurde. Man hofft nun, das Netzwerk an Teleskopen und das Beobachtungsverfahren so zu verbessern, dass in Zukunft bei noch viel mehr Sternen derart genaue Größenmessungen vorgenommen werden können. Um über Asteroiden und zweckentfremdete Gammastrahlenteleskope auf die Größe eines Sterns zu schließen, muss man ein paar Mal um die Ecke denken. Und kaum eine Disziplin hat diese Fähigkeit so sehr perfektioniert wie die Astronomie.

30

SS Leporis

Bis(s) zur Roche-Grenze

Bram Stoker, Stephenie Meyer, Van Helsing und Underworld – in Büchern und Filmen gehören Vampire schon seit einer Weile zu den Kassenschlagern. Vampire gibt es – gewissermaßen – aber auch in der Astronomie. Hier sind sie jedoch wesentlich größer und brutaler als ihre Vorbilder aus der Literatur. Während ein untoter Blutsauger vielleicht ein paar Schlucke Blut konsumiert, saugt der kosmische Vampir SS Leporis pro Sekunde mehr als 60 Billiarden Kilogramm an Material in sich hinein. Das geht natürlich nicht einfach so; für ein derart ausgiebiges Mahl muss man schon ein ausgewachsener Stern sein und ein entsprechend voluminöses Opfer zur Verfügung haben, bei dem es auch was zu saugen gibt.

Ein solches Paar findet man am Himmel im gar nicht blutrünstig klingenden Sternbild des Hasen. Dort umkreisen sich zwei Sterne im Sternsystem SS Leporis, die eine etwas einseitige Beziehung zueinander haben. Einer von beiden ist groß und kühl, der andere ist klein und heiß, und der kleine hat im Laufe der Zeit schon knapp die Hälfte der Masse des größeren Sterns an sich gerissen.

Normalerweise ist es nicht so einfach, einem Stern etwas wegzunehmen. Sterne sind groß, und mit ihrer enormen Masse und der damit einhergehenden Gravitationskraft halten sie ihr Material mit aller Kraft fest. Damit ein Stern aber ein Stern sein kann, muss er leuchten. Die Energie dafür erzeugt er in seinem Inneren durch Kernfusion; und wenn die Strahlung dann aus dem Zentrum des Sterns nach außen dringt, drückt sie dabei gegen die Materie des Sterns. Je länger ein Stern lebt, desto heißer wird er aber auch, und desto stärker der Strahlungsdruck. Alte Sterne blähen sich also auf und werden größer. Irgendwann ist der Stern so weit aufgebläht, dass seine Gravitationskraft nicht mehr ausreicht, um seine äußersten Schichten festzuhalten. Das passiert, wenn er über die sogenannte »Roche-Grenze« (benannt nach dem Astronomen Édouard Albert Roche) hinaus wächst; und wenn zufällig ein zweiter Stern in der Nähe ist, kann der mit seiner Gravitationskraft diese entkommende Materie an sich reißen.

Lange Zeit dachte man, dass das auch bei SS Leporis passiert. Als man 2010 mit den großen Teleskopen der Europäischen Südsternwarte aber genauer hinsah, stellte man fest, dass es hier komplizierter abläuft. Der große Stern dort war zwar tatsächlich sehr weit aufgebläht, aber nicht so weit, dass er an die Roche-Grenze herangereicht hätte. Eigentlich hätte er also noch in der Lage sein sollen, seine Masse festzuhalten.

Sterne leuchten aber nicht nur ruhig vor sich hin; es kommt immer wieder zu großen Eruptionen auf ihrer Oberfläche, bei denen Material hinaus ins Weltall geschleudert wird. Diesen Materialverlust nennt man »Sternwind«, und der scheint beim großen Partner von SS Leporis besonders stark zu sein. Und da sich der kleine »Vampirstern« gleich in unmittelbarer Nähe befindet, kann er all das aufsaugen, was der andere ins All hinauspustet. Er kommt nur deswegen an das Material des größeren Sterns, weil der es ihm bereitwillig liefert.

Die Beziehung der Sterne in SS Leporis ist also weniger die eines klassischen bösen Vampirs wie Dracula zu seinen unwilligen Opfern, sondern ähnelt mehr den modernen Fantasygeschichten für Teenager, bei denen junge Mädchen dem weltgewandten Vampir-Schönling ihr Blut freiwillig anbieten …

31

L1448-IRS2E

Stern under construction

Es ist ein wenig müßig, nach dem jüngsten aller Sterne zu fragen. Sterne entstehen ständig und überall im Universum, auch in unserer Milchstraße kommen jedes Jahr ein paar neue dazu. Einen Stern bei der Geburt zu beobachten ist aber gar nicht so einfach. Das 2010 entdeckte Objekt mit der Bezeichnung L1448-IRS2E könnte allerdings ein solcher astronomischer Glücksfall sein. Man hat es in der Perseus-Molekülwolke beobachtet, einer 850 Lichtjahre entfernten riesigen Ansammlung aus Gas und Staub – und das ist ein vielversprechender Anfang, denn genau in solchen Regionen entstehen neue Sterne.

Sich selbst überlassen macht eine derart große Gaswolke vorerst nicht viel. Sie befindet sich in einem sogenannten »hydrostatischen Gleichgewicht«. Das heißt, dass die Wolke zwar einerseits unter ihrem eigenen Gewicht in sich zusammenfallen will. Andererseits bewegen sich aber auch all die Gasatome in ihr, stoßen dabei gegeneinander und üben einen Druck aus, der der Gravitationskraft entgegenwirkt.

Damit sich an diesem Gleichgewicht etwas ändert, muss eines von zwei Dingen passieren. Entweder die Masse der Wolke überschreitet einen kritischen Wert; dann kann der Gasdruck die Gravitationskraft nicht mehr aufhalten, und sie fällt in sich zusammen. Oder aber die Wolke wird von außen gestört, zum Beispiel durch einen anderen Stern, der in der Nähe vorüberzieht und mit seiner Gravitationskraft die Materie der Wolke verdichtet.

So oder so, am Ende kollabiert die Wolke. Wie weit sie dabei kommt, hängt davon ab, wie schnell sie ihre Energie loswerden kann. Beim Kollaps der Wolke wird die Energie ihrer Bewegung in Wärmeenergie umgewandelt. Sie wird in ihrem Inneren immer heißer. Diese Wärme wird nach außen abgestrahlt, und solange die Wärmestrahlung noch durch die Gasmassen hindurchdringen kann, ist alles in Ordnung. Der Kern wird dichter, aber nicht wärmer. Bis er irgendwann so dicht wird, dass er die Strahlung nicht mehr durchlässt. Dann heizt sich der Kern auf, die Gasatome bewegen sich aufgrund der höheren Temperaturen immer schneller. Und wenn ein neues Gleichgewicht zwischen Gravitationskraft und Strahlungsdruck erreicht ist, kommt der Zusammenfall der Wolke vorerst zu einem Ende.

Das Ding, das auf diese Weise nach ein paar Tausend Jahren entsteht, ist noch extrem kühl und nur ein paar Dutzend Grad wärmer als der absolute Nullpunkt. Man nennt es einen »ersten hydrostatischen Kern«, und es ist noch weit davon entfernt, ein echter Stern zu sein. Dazu muss der Kern noch weiter kollabieren und viel heißer werden. Aus theoretischen Modellen wissen wir, dass es solche ersten Kerne geben muss. Beobachten lassen sie sich aber schwer. Sie leuchten so gut wie gar nicht und geben nur ein wenig Wärmestrahlung ab. Und sie existieren in der beschriebenen Form nur ein paar Hundert oder Tausend Jahre, bevor sie ihren Weg zur Sterngeburt fortsetzen und erst zu einem »Protostern« und dann zu einem Stern werden.

Dementsprechend erfreut waren Xuepeng Chen von der Universität Yale und seine Kollegen, als sie auf L1448-IRS2E stießen. Das Objekt gab viel zu wenig Strahlung ab, um als Protostern durchzugehen. Aber man konnte Gas beobachten, das mit hoher Geschwindigkeit aus dem Zentrum von L1448-IRS2E strömte. Das geht nur, wenn sich im Zentrum der kollabierenden Wolke schon ein ausreichend dichter Kern gebildet hat, der auch schon ein eigenes Magnetfeld besitzt. Wenn dann Material aus den äußeren Bereichen der Wolke auf den dichten inneren Kern fällt, kann es durch das Magnetfeld zum Teil wieder zurück nach außen gelenkt werden.

Es muss sich also um einen »ersten hydrostatischen Kern« handeln; ein Objekt, das noch lange kein echter Stern ist, aber doch schon ein wenig mehr als nur eine kosmische Gaswolke. L1448-IRS2E hat den ersten Schritt der Sternwerdung erfolgreich hinter sich gebracht. Aber noch einen langen Weg vor sich.

32

Nemesis

Der unsichtbare Begleiter der Sonne

Nemesis hat die Dinosaurier umgebracht, und es ist nur eine Frage der Zeit, bevor der Todesstern ein weiteres Mal zuschlägt und für ein neues Massensterben auf der Erde sorgt. Diese dramatische Behauptung stellten die Astronomen Marc Davis, Piet Hut und Richard Muller 1984 auf. Der Asteroideneinschlag, der vor 65 Millionen Jahren bei einer gewaltigen Katastrophe das Ende der Dinosaurier einläutete, sei kein Einzelfall gewesen. Mit einer solchen globalen Katastrophe sei im Durchschnitt alle 26 Millionen Jahre zu rechnen, und schuld daran sollte Nemesis sein, ein bisher unentdeckter Begleitstern der Sonne.

Das klingt nach einer komplett wirren Theorie. Aber die Wissenschaftler hatten durchaus gute Gründe für ihre Behauptung. Denn zuvor hatten die Paläontologen David Raup und John Sepkoski darauf hingewiesen, dass man aus den Fossilienfunden der vergangenen Jahrmillionen ablesen könne, dass Massensterben mit einer Periode von 26 Millionen Jahren auftreten. Muller und der Geologe Walter Alvarez entdeckten eine ähnliche Periode in der Altersverteilung der Einschlagskrater auf der Erde. Aus irgendeinem Grund schien die Erde offenbar in regelmäßigen Abständen mit Asteroiden und Kometen beschossen zu werden – und dieser Grund sollte mit Nemesis zusammenhängen.

Es ist nicht einfach, einen Mechanismus zu finden, der für Kollisionen in periodischen Abständen sorgt. Die Zusammenstöße zwischen der Erde und den Kleinkörpern sollten zufällige Ereignisse sein, die keinem erkennbaren Muster folgen. Aber was, dachte sich Richard Muller, wenn die Sonne eigentlich Teil eines Doppelsternsystems ist? Das ist nicht so außergewöhnlich, wie es klingt, denn die meisten Sterne im Universum existieren nicht alleine, sondern haben einen oder mehrere Begleiter. Unsere einsame Sonne ist eine Ausnahme – oder eben vielleicht auch nicht. So ein weit entfernter Begleitstern würde sich während eines sehr langen Zeitraums um die Sonne herum bewegen und dabei vielleicht auch ab und zu in die Nähe der sogenannten »Oortschen Wolke« kommen. So bezeichnet man die äußersten Regionen des Sonnensystems, und dort, einige Zehn- bis Hunderttausend Mal weiter von der Sonne entfernt als die Erde, ziehen Milliarden von kleinen Fels- und Eisbrocken ihre Runden.

Dieser von der Entstehung des Sonnensystems übrig gebliebene »Bauschutt« stört uns normalerweise nicht; die Himmelskörper bleiben dort draußen, wo sie sind, und kommen uns nicht nahe. Es sei denn, ein Stern wie der hypothetische Begleiter der Sonne zieht in ihrer Nähe vorbei und wirbelt sie mit seiner Gravitationskraft durcheinander. Dann könnten einige von ihnen auf Umlaufbahnen abgelenkt werden, die sie ins innere Sonnensystem und auch in die Reichweite der Erde bringen. Das Resultat: mehr Asteroideneinschläge als üblich, und zwar immer wieder dann, wenn Nemesis auf seiner Bahn um die Sonne der Oortschen Wolke zu nahe kommt.

Aber müssten wir Nemesis dann nicht auch sehen? Ein Stern leuchtet ja, und wenn es noch dazu ein naher Begleitstern der Sonne ist, hätte er uns dann nicht längst auffallen sollen? Nicht ganz. Es ist eben nicht so einfach, die Entfernung der Sterne zu bestimmen, vor allem nicht bei extrem leuchtschwachen, kleinen Exemplaren, die man zuerst einmal finden muss. Es könnte sein, dass Nemesis schon auf jeder Menge astronomischer Aufnahmen aufgetaucht ist – aber eben nur als ein unscheinbarer Lichtpunkt unter vielen. Und es wäre schlicht zu aufwendig, bei allen Sternen, die wir irgendwo zu sehen bekommen, ohne besonderen Anlass sofort die exakte Distanz zu berechnen. Zumindest war das in den 1980er-Jahren noch der Fall. Mittlerweile gibt es Weltraumteleskope, die bei einer Vielzahl von Sternen Position und Entfernung bestimmt haben. Und wenn Nemesis tatsächlich da draußen ist, hätten wir ihn mittlerweile eigentlich tatsächlich schon finden sollen.

Es kann natürlich sein, dass wir einfach Pech hatten bei der Beobachtung. Es kann auch sein, dass Nemesis noch viel schwächer leuchtet, als wir denken. Oder aber wir haben Nemesis deswegen noch nicht entdeckt, weil er wirklich nicht existiert. Das ist mittlerweile die absolut wahrscheinlichste Option. Genauere Analysen der Fossilienfunde und der Altersverteilung der Krater haben nämlich inzwischen Zweifel aufgeworfen, ob es die Periode von 26 Millionen Jahren überhaupt gibt. Nemesis hat sich als Phantom erwiesen. Und unsere Sonne bleibt ein Einzelstern, der ohne Begleitung durchs All fliegen muss.

33

Navi

Der Scherz eines Astronauten

Als sich amerikanische Astronauten in den 1960er-Jahren auf den Weg ins Weltall machten, der 1969 mit der historischen Landung auf dem Mond enden sollte, mussten sie nicht nur ihre Raumschiffe verstehen, sondern auch den Himmel. Wie alle Fernreisenden in den Jahrtausenden vor ihnen mussten auch sie in der Lage sein, die Sterne zur Orientierung zu benutzen. Sie hatten Karten mit dabei, auf denen die hellsten Sterne und Sternbilder abgebildet und beschriftet waren. Neben den vertrauten Namen wie Altair, Sirius oder Procyon kann man dort aber auch drei Namen finden, die in der Astronomie eigentlich nicht existieren.

Regor, Navi und Dnoces: Diese Bezeichnungen sind auf den Sternenkarten der NASA-Astronauten zu lesen. Erdacht hat diese Namen aber kein arabischer oder griechischer Gelehrter vor Jahrtausenden. Sondern Virgil Ivan »Gus« Grissom, nach Yuri Gagarin und Alan Shepard der dritte Mensch im Weltall und Pionier des amerikanischen Raumfahrtprogramms.

In den langen Stunden des Navigationstrainings, bei dem die Astronauten unter freiem Himmel und in Planetarien lernen mussten, die Sterne und Sternbilder aus allen denkbaren Perspektiven zu erkennen, war Grissom zum Scherzen aufgelegt und kam auf die Idee, drei der Himmelskörper auf den Karten der NASA nach sich selbst und seinen Kollegen zu benennen.

Der eigentlich Gamma Velorum genannte Stern im Sternbild Vela erhielt von ihm den Namen »Regor«. Rückwärts gelesen ergab das den Vornamen des Astronauten Roger Chaffee. Aus Iota Ursae Majoris, einem hellen Stern im Großen Bären, wurde »Dnoces«, nach Edward White. Er war im Jahr 1965 nach dem Russen Alexei Leonow der zweite Mensch, der sein Raumschiff verließ und sich frei schwebend im Weltall aufhielt. Der Zweite, also auf Englisch »second«, gab ebenfalls rückwärts gelesen dem zweiten Stern seinen neuen Namen. Und sich selbst verewigte Gus Ivan Grissom im Sternbild Kassiopeia. Der mittlere Stern des gut erkennbaren »Himmels-W«, der eigentlich Gamma Cassiopeia heißt, wurde zu »Navi«, also dem rückwärts gelesenen Mittelnamen von Grissom.

Was als Scherz gedacht war, wurde am 27. Januar 1967 zu einem tragischen Denkmal. White, Chaffee und Grissom sollten an diesem Tag eine Routineübung für die Apollo-1-Mission absolvieren. Sie sollten die Raumkapsel testen, mit der man hoffte, irgendwann Menschen bis zum Mond und wieder zurück zu bringen. An diesem Tag war kein Raketenstart geplant; es ging nur darum, die Systeme des Raumschiffs auszuprobieren.

Dreieinhalb Stunden nach Beginn des Testes brach aus nicht genau geklärten Gründen ein Brand in der Kapsel aus. Die automatischen Lebenserhaltungssysteme stellten einen Abfall der Sauerstoffmenge im Raumschiff fest – was angesichts des Brandes nicht überraschend war, da der Sauerstoff durch das Feuer verbraucht wurde. Fatal war jedoch die Tatsache, dass das System darauf mit einer Erhöhung der Sauerstoffmenge reagierte. Dieser zusätzliche Sauerstoff fachte nicht nur das Feuer an, sondern erhöhte auch den Druck in der Kapsel. Ein Druckausgleich war nun nicht mehr möglich, und damit konnten auch von außen die Luken nicht mehr geöffnet werden.

White, Chaffee und Grissom verbrannten in ihrem Raumschiff. Die erste Mission des Apollo-Programms hatte das Leben von drei Menschen gefordert. Im Gedenken an die drei verstorbenen Astronauten entschied die NASA, die von Grissom als Scherz eingeführten Sternnamen nun zumindest inoffiziell auf ihren Sternkarten zu übernehmen. Und als Neil Armstrong und Buzz Aldrin zwei Jahre später, am 20. Juli 1969, mit ihrem Raumschiff auf der Oberfläche des Mondes landeten, hatten auch sie eine Sternkarte dabei, auf der die Namen ihrer verstorbenen Kollegen verzeichnet waren.

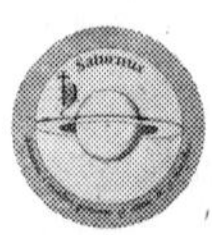

34

14 Herculis

Heavy-Metal-Sterne

Der Stern 14 Herculis ist voll mit Metallen – aber trotzdem keine große Eisenkugel. Denn wenn Astronominnen und Astronomen von »Metall« sprechen, meinen sie etwas anderes als der Rest der Welt. In der Astronomie ist die Chemie auf den ersten Blick deutlich einfacher, als man es in der Schule gelernt hat: Es gibt kein kompliziertes Periodensystem der Elemente mit über hundert Einträgen. Es gibt nur Wasserstoff, Helium – und Metalle.

Aus Sicht der Astronomie ist das überhaupt nicht unlogisch, auch wenn es uns hier auf der Erde so vorkommen muss. Die überwiegende Mehrheit der Materie im Universum besteht aus Wasserstoff und Helium, also den beiden chemischen Elementen, die direkt nach dem Urknall entstanden sind. Der ganze Rest des Periodensystems musste erst danach bei den Kernreaktionen entstehen, die in Sternen stattfinden.

Dieser Prozess ist im Vergleich zu dem, was nach dem Urknall passiert ist, sehr ineffizient. Selbst bei einem Stern wie unserer Sonne, die immerhin schon 4,5 Milliarden Jahre lang Zeit hatte, neue Elemente hervorzubringen, macht Wasserstoff immer noch 71 Prozent ihrer Masse aus. 27 Prozent sind Helium, und die ganzen restlichen Elemente stellen nur knapp zwei Prozent.

Dabei ist unsere Sonne sogar einer der Sterne, die relativ viele dieser anderen Elemente enthalten. Als sie entstanden ist, war das Universum schon fast 10 Milliarden Jahre alt. Die vor ihr geborenen Sterne hatten schon genug Zeit, neue Elemente zu produzieren und sie nach ihrem Tod bei den großen Supernova-Explosionen im All zu verteilen. Die kosmische Gaswolke, aus der die Sonne entstanden ist, hat also schon von Anfang an mehr enthalten als nur Wasserstoff und Helium, und es war genug davon da, dass sich am Ende auch noch Planeten bilden konnten wie die Erde. Wir und unsere Welt werden von diesen neuen Elementen dominiert. Trotzdem sind sie aus kosmischer Sicht nur in geringen Spuren vorhanden und werden in der Astronomie der Einfachheit halber weiterhin unter dem (zugegebenermaßen etwas irreführenden) Begriff »Metalle« zusammengefasst.

Die Metallizität eines Sterns beschreibt also den Anteil dieser Metalle an seiner gesamten Masse und wird immer in Bezug auf die Sonne gemessen. Und bei 14 Herculis liegt sie deutlich höher als bei uns. Der kleine Stern im Sternbild Herkules ist auf den ersten Blick eigentlich recht unscheinbar. Er befindet sich fast 59 Lichtjahre von uns entfernt, ist ein bisschen kleiner, leichter und kühler als die Sonne und leuchtet orange. Aber er enthält fast dreimal so viele Metalle wie unser Stern.

Das ist einerseits ein Zeichen dafür, dass er noch ein Stück jünger sein muss als die Sonne: Und tatsächlich ist 14 Herculis erst 3,6 Milliarden Jahre alt. Andererseits macht ihn das auch zu einem guten Kandidaten für die Suche nach neuen Planeten. Wenn die kosmische Gaswolke, aus der ein Stern besteht, neben Wasserstoff und Helium auch noch viele andere Elemente enthält, kann sich die Materie in der Wolke leichter und schneller zu größeren Klumpen zusammenballen – und so auch zu Planeten werden. Die schweren Elemente schützen zudem die leichten Wasserstoff- und Heliumatome wie ein Schild vor der starken Strahlung, die von einem jungen Stern ausgeht. Die Gasatome werden also nicht so schnell von der Strahlung zerstreut und ins All hinausgedrückt und können so ebenfalls am Prozess der Planetenentstehung teilnehmen. Und damit erblicken große Gasplaneten wie zum Beispiel Jupiter leichter das Licht der Welt.

14 Herculis bestätigt diese Theorie. Im Jahr 2002 wurde dort ein Planet mit der fast fünffachen Masse des Jupiters, immerhin der größte Planet in unserem Sonnensystem, gefunden. Wenn 14 Herculis kein solcher Heavy-Metal-Stern wäre, hätte er es wohl kaum zu einem derartigen Riesenplaneten in seiner Umlaufbahn gebracht.

35

Alpha Capricorni

Quelle der Sternschnuppen

Wenn man eine Sternschnuppe sieht, dann darf man sich etwas wünschen. Dafür, dass der Wunsch dann auch in Erfüllung geht, gibt es zwar keinen astronomischen Beleg, aber probieren kann man es natürlich trotzdem. Und warum sollte man sich dann nicht gleich noch viel mehr Sternschnuppen wünschen? Denn die wird es – in dem Fall mit einiger astronomischer Sicherheit – ab 2220 am Himmel zu sehen geben.

Eine kleine Vorschau auf das, was da noch kommen könnte, zeigt uns der Stern Alpha Capricorni. Obwohl der noch nicht einmal ein richtiger Stern ist und streng genommen mit der ganzen Sache eigentlich nichts zu tun hat. Das helle Licht im Sternbild Steinbock besteht aus zwei unterschiedlichen Sternen, die von der Erde aus gesehen rein zufällig gerade so dicht nebeneinanderstehen, dass sie mit bloßem Auge wie ein einziger Stern aussehen. Und Alpha Capricorni ist der Punkt am Himmel, von dessen Umgebung aus der Meteorstrom der Alpha-Capricorniden zu entspringen scheint.

Sternschnuppen haben, trotz ihres Namens, nichts mit Sternen zu tun. Es handelt sich um winzige Gesteinsbrocken, die nur wenige Millimeter groß sind und als kosmischer Staub überall zwischen den Planeten des Sonnensystems zu finden sind. Wenn nun die Erde auf ein solches Körnchen interplanetaren Drecks trifft, sehen wir eine Sternschnuppe. Das Staubkorn trifft mit einer Geschwindigkeit von typischerweise zwischen 30 und 70 Kilometern pro Sekunde auf die Lufthülle der Erde. Bei seinem rasanten Flug durch die Atmosphäre reißt es die Elektronen aus den Hüllen der Atome, aus denen die Luft besteht. Wenn die nun hüllenlosen Atome dann wieder eines der freien Elektronen einfangen und an sich binden, geben sie Energie in Form von Licht ab, das wir als Sternschnuppe sehen können.

Das Ganze spielt sich in etwa hundert Kilometer Höhe ab und dauert nur wenige Sekunden. Dann ist das Staubkorn durch die große Reibungshitze, die beim Zusammentreffen mit der Atmosphäre entsteht, verglüht und das Spektakel vorbei. In einer klaren Nacht kann man normalerweise immer ein paar Sternschnuppen sehen. In manchen Nächten aber auch regelrechte Sternschnuppenschauer – und der Grund dafür ist der Ursprung des Staubs.

Er wird von den kleinen Himmelskörpern des Sonnensystems produziert, den Asteroiden und Kometen. Vor allem die Kometen sind wahre Dreckschleudern. Wenn sie in die Nähe der Sonne gelangen und das in ihnen enthaltene Eis auftaut, gasförmig wird und ins All entströmt, reißt es dabei jede Menge Staub von der Oberfläche des Kometen mit sich. Auch Asteroiden können auf diese Weise Staub absondern, wenn auch normalerweise in sehr viel geringerem Ausmaß. Wenn sie aber zum Beispiel mit anderen Asteroiden kollidieren oder der Sonne so nahe kommen, dass sie dort auseinanderbrechen, können auch sie so einiges an Dreck verursachen.

Asteroiden und vor allem Kometen ziehen also eine Staubspur hinter sich durchs All, und wenn die Erde auf ihrem Weg um die Sonne eine solche verschmutze Region des Weltraums kreuzt, beobachten wir einen deutlichen Anstieg von Sternschnuppen, die alle aus der gleichen Gegend des Himmels auf die Erde zu fallen scheinen. Diese Schauer wiederholen sich jedes Jahr zur gleichen Zeit, da ja die Erde genau ein Jahr braucht, um die staubige Region auf ihrer Bahn wieder zu erreichen. In den Nächten der zweiten Novemberhälfte können wir zum Beispiel die »Leoniden« beobachten, die diesen Namen tragen, weil sie aus dem Sternbild Löwe (Leo) zu kommen scheinen, die wir jedoch in Wirklichkeit dem Staub des Kometen Tempel-Tuttle zu verdanken haben. Momentan kennen wir mehr als dreißig solcher »Meteorströme«, die zu unterschiedlichen Zeiten im Jahr für unterschiedlich stark ausgeprägte Sternschnuppenschauer sorgen.

Für die Alpha-Capricorniden ist der Asteroid 2002 EX12 verantwortlich. Um den 30. Juli herum trifft die Erde jedes Jahr auf den von ihm hinterlassenen Staub. Momentan ist der Sternschnuppenschauer noch nicht sehr dramatisch. Eine genaue Untersuchung des Asteroiden hat aber ergeben, dass er vor ungefähr 5000 Jahren auf ziemlich dramatische Weise auseinandergebrochen sein und dabei jede Menge Staub erzeugt haben muss. Momentan bewegt sich die Erde noch nicht durch die Hauptmasse dieses Staubs, aber da sich die Ausdehnung und Position der Staubwolke im Laufe der Zeit verändern, wird sich das ab 2220 ändern. Dann werden, so die Vorhersagen, die Alpha-Capricorniden zu einem der stärksten Meteorströme werden und so viele Sternschnuppen erzeugen wie kein anderer. Ob sich dann aber auch all unsere Wünsche erfüllen, bleibt wohl zweifelhaft …

(36)

Anwar Al Farkadain

Das Ende der Nacht

Der Stern mit dem klingenden Namen Anwar Al Farkadain gehört zum Sternbild des Kleinen Bären. Sein arabischer Name bedeutet »das hellere der beiden Kälber« – aber hell ist der Stern eigentlich nicht. Er kann nur an einem sehr dunklen Himmel gesehen werden, und den finden wir auf der Erde leider immer seltener.

Den Großen Wagen können die meisten Menschen erkennen. Die Sterne, die ihn bilden, sind sehr hell und darum gut sichtbar. Beim Kleinen Wagen, wie das Sternbild des Kleinen Bären auch oft genannt wird, ist das nicht so einfach. Der hellste Stern dort ist der Polarstern, der noch vergleichsweise deutlich am Himmel leuchtet. Die restlichen sechs Sterne, die Deichsel und Kasten des Kleinen Wagens bilden, sind dagegen leuchtschwächer, und Anwar Al Farkadain ist der dunkelste von ihnen.

Ein Blick auf den Kleinen Wagen ist daher eine gute Möglichkeit, die Qualität der Nacht zu überprüfen. Je dunkler es ist, desto mehr seiner sieben Hauptsterne sind zu sehen. Befindet man sich weitab heller Städte und anderer störender Lichter, ist der komplette Kleine Bär leicht und deutlich zu erkennen. Aber schon ein bisschen künstliches Licht, etwa Streulicht aus einem fernen Dorf, hellt den Himmel so stark auf, dass Anwar Al Farkadain, der eine der vier Ecken des Kastens bildet, überstrahlt wird und verschwindet.

Nähert man sich den großen Städten mit ihren Lichtern, verschwinden auch die meisten der restlichen Sterne. Nur der Polarstern und ein oder zwei andere Sterne im Kleinen Wagen können dann noch mit bloßem Auge ausgemacht werden, und auch diese werden unsichtbar, wenn wir aus dem hell erleuchteten Zentrum einer Großstadt in den Himmel blicken.

Genau dieser Anblick eines verwaschenen, grauen Himmels ohne Sterne ist aber mittlerweile fast normal. Immer mehr Menschen wohnen in oder in unmittelbarer Nähe von Städten, und überall erhellt das Licht nicht nur unsere Straßen, Wohnungen und Reklametafeln, sondern strahlt auch hinauf in den Himmel. In Mitteleuropa ist ein wirklich absolut dunkler Himmel nirgendwo mehr zu finden; wer sehen möchte, wie eine sternenklare Nacht wirklich aussieht, muss in weit entfernte Wüsten reisen oder sich auf den offenen Ozean begeben.

Die zunehmende Lichtverschmutzung ist aber auch abseits der Astronomie problematisch. Viele Tiere und Pflanzen werden durch die fehlende Dunkelheit gestört, und auch bei uns Menschen kann der gestörte Rhythmus von Tag und Nacht negative gesundheitliche Folgen haben. Ganz sicher ist die unnötige Beleuchtung des Himmels aber eine Geldverschwendung. Ein vernünftiges Beleuchtungskonzept, das nur das erhellt, was hell sein soll, und das auch nur dann, wenn es wirklich nötig ist, kann jede Menge Energie und Kosten sparen.

Der Verlust der Nacht ist aber vor allem auch ein kulturelles Problem. Jahrtausende war der klare Sternenhimmel der ständige Begleiter der Menschheit. Sobald die Sonne unterging, war es dunkel, man konnte das Band der Milchstraße sehen, wie es sich über den Himmel wand, und Tausende funkelnde Sterne, die so hell leuchteten, dass man auch ihre Farben unterscheiden konnte. Der Himmel hat unsere Mythen und Religionen beeinflusst und war Inspirationsquelle für Philosophie, Dichtung, Malerei und nicht zuletzt die Wissenschaft. Mit der überall verfügbaren Elektrizität und der künstlichen Beleuchtung ist uns diese Quelle nach und nach abhandengekommen und mit ihr ein wichtiger Teil dessen, was uns als fragende, suchende, erzählende und rechnende Wesen ausmacht. Der Blick nach oben hat uns über Jahrtausende dazu angeregt, über das Universum und unsere Rolle im Kosmos nachzudenken. Dass die hellen Lichter der von uns geschaffenen Zivilisation diesen Raum des Nachdenkens inzwischen überstrahlen, zählt vielleicht zu den ironischsten Pointen der Menschheitsgeschichte.

37

Sirius B

Die Zukunft der Sonne

Wenn unsere Sonne in 5 bis 6 Milliarden Jahren ihr aktives Leben als Stern beendet, dann wird sie das werden, was Sirius B heute schon ist: ein Weißer Zwerg. Dieses spezielle Endstadium in der Entwicklung eines Sterns haben wir zum ersten Mal bei Sirius B im Jahr 1862 beobachtet. Verstanden haben wir die Weißen Zwerge aber erst viel später.

Ein Stern ist nur so lange ein Stern, wie er in seinem Inneren Energie produzieren kann. In ihm müssen Temperaturen herrschen, durch die sich die Atome schnell genug bewegen, um bei Kollisionen zu verschmelzen. Bei dieser Kernfusion wird Energie frei, und die strahlt nach außen. Nur der Druck dieser Strahlung wirkt der Gravitationskraft entgegen, durch die der Stern unter seinem eigenen Gewicht in sich zusammenfallen will. Ohne Kernfusion wird ein Stern instabil.

Im Zentrum unserer Sonne wird Wasserstoff zu Helium fusioniert. Das passiert dort schon seit 4,5 Milliarden Jahren, und die Sonne hat noch genug Wasserstoff, um noch 5 bis 6 Milliarden Jahre damit fortzufahren. Irgendwann aber wird ihr das Helium zum Problem werden. Denn es liegt einfach so rum im Kern und kann nicht fusionieren, denn Helium ist schwerer als Wasserstoff, und die Temperatur reicht dafür nicht aus. Je mehr Helium produziert wird, desto weniger Platz ist im Zentrum für den Wasserstoff – und nur dort ist es heiß genug für die Kernfusion. Es dringt also weniger Strahlung nach außen, ihr Druck lässt nach, und die Gravitation gewinnt die Oberhand.

Das Ergebnis dieses Prozesses ist komplex: Die Sonne fällt ein wenig unter ihrem Gewicht in sich zusammen, sodass alles etwas dichter zusammengepresst wird. Dadurch wird es im Zentrum wiederum heißer als vorher. Und je heißer es wird, desto mehr des weiter außen liegenden Wasserstoffs kann nun in die Kernfusion einbezogen werden. Und außerdem wird es auf diese Weise irgendwann auch heiß genug, dass endlich das Helium im Kern fusioniert werden kann.

Diese neuen und heißer brennenden Energiequellen führen zu einer starken Erhöhung der Strahlung. Anstatt in sich zusammenzufallen, dehnt sich die Sonne durch die starke Strahlung nun aus. Sie bläht sich auf, und ihre äußeren Schichten werden immer dünner, während sie sich ausbreiten. Gleichzeitig fällt der Kern der Sonne weiter in sich zusammen. Er hat ursprünglich viel weniger Helium enthalten als Wasserstoff, und die Phase des Heliumbrennens ist so schon nach einigen 100 Millionen Jahren vorbei. Der Kern erlischt. Weiter außen kann der Wasserstoff zwar noch ein wenig weiter fusionieren, aber irgendwann ist Schluss. Die äußeren Schichten der Sonne sind da schon längst im All verschwunden und haben sich zwischen den Sternen verflüchtigt. Der Kern dagegen fällt von innen nach außen immer stärker in sich zusammen. Bis am Ende ein Objekt übrig bleibt, das nur noch ungefähr so groß wie die Erde ist und in dem keine Kernfusion mehr stattfindet.

Das ist der Weiße Zwerg, zu dem die Sonne werden wird. Er ist noch immer enorm heiß, und sein Material ist enorm verdichtet. Ein einziger Teelöffel der Materie eines Weißen Zwergs würde so viel wiegen wie ein paar Autos. Ein Weißer Zwerg mag zwar, verglichen mit anderen Sternen, winzig sein. Er hat aber immer noch viel Masse und kann eine entsprechende Gravitationswirkung auf seine Umgebung ausüben.

Dadurch kam man auch Sirius B auf die Spur. Mit »Sirius« bezeichnen wir ja normalerweise den hellsten Stern am Nachthimmel. 1844 entdeckte man aber, dass Sirius sich ein wenig seltsam verhält. Er wackelte so, als würde er von einem anderen Stern umkreist, der Sirius durch seine Gravitationskraft beeinflusst. Nur war da nirgendwo ein anderer Stern zu sehen, der dafür verantwortlich sein könnte.

Erst 1862 entdeckte Alvan Graham Clark, der Sohn des Teleskopbauers Alvan Clark, beim Testen eines neu gebauten Geräts, dass es dort tatsächlich noch einen zweiten Stern gab. Der heißt nun »Sirius B« (während sein heller, gut sichtbarer Begleiter offiziell den Namen »Sirius A« trägt) – und nach dieser ersten Entdeckung folgten viele weitere. Im Umkreis von 65 Lichtjahren haben wir schon mehr als hundert Weiße Zwerge entdeckt und jede Menge weitere darüber hinaus. Wenn die Sonne in ferner Zukunft ihr Leben beendet, wird sie also zumindest nicht einsam sein.

Iota Carinae

Das kosmische Auge braucht eine Brille

Vier helle Punkte auf einem dunkelgrauen und etwas krisseligen Hintergrund: Mit diesem unspektakulären Bild, das am 20. Mai 1990 einer eher unbeeindruckten Öffentlichkeit vorgestellt wurde, begann eine neue Ära in der Astronomie. Es war das »First Light«, das allererste Bild des Hubble-Weltraumteleskops, das zu diesem Zeitpunkt schon eine lange Geschichte hatte.

Die erste Idee für ein großes Teleskop im Weltall hatte der amerikanische Astronom Lyman Spitzer schon im Jahr 1946 gehabt. Es war eine naheliegende Idee, denn die Turbulenzen in der Erdatmosphäre stören die astronomischen Beobachtungen zwangsläufig. Ein Teleskop, das sich außerhalb der Lufthülle mit freiem Blick auf die Sterne im Weltall befindet, kann uns Dinge zeigen, die ansonsten nicht zu sehen sind.

In den 1940er-Jahren hatte allerdings noch nicht einmal die Raumfahrt so richtig begonnen; ein ganzes Teleskop ins All zu befördern war komplett illusorisch. Realisiert wurde das Projekt demnach erst in den 1980er-Jahren, und am 25. April 1990 flog das nach dem berühmten Astronomen Edwin Hubble benannte Teleskop endlich ins All.

Für den ersten Test aller Systeme hatte man sich eine Region im Sternbild Carina ausgesucht. Bei der NASA gab es anfangs Diskussionen, ob man die Presse bei dieser Premiere überhaupt dabeihaben wollte. Astronomische Bilder, vor allem die, die zu Testzwecken aufgenommen werden, sind auf den ersten Blick recht unspektakulär. Bildfehler müssen entfernt und verschiedene Aufnahmen kombiniert werden, um farbige Darstellungen zu erreichen. Es ist viel Arbeit nötig, um ein »präsentables« Bild zu erhalten, und die erste Aufnahme von Hubble war für die Wissenschaft zwar äußerst interessant, hätte jedoch in den Augen der Öffentlichkeit kaum langweiliger sein können.

Dann wurde es aber sehr schnell sehr spannend. Im Vergleich zu den Bildern, die von der Erde aus aufgenommen wurden, war das, was Hubble zeigte, auf jeden Fall besser und schärfer. Der hellste Stern, der darauf zu sehen war, war Iota Carinae. Dieser Stern ist auch mit bloßem Auge deutlich zu erkennen und konnte dank seiner Helligkeit auch auf Hubbles Aufnahme gut untersucht werden. Und die Analyse zeigte, dass der Stern bei Weitem nicht so scharf abgebildet wurde, wie man es sich erhofft hatte. In einer idealen Optik sollte ein Stern ja einfach nur als Lichtpunkt zu sehen sein. In der Realität ist ein Stern immer ein kleines Scheibchen, aber man hatte erwartet, dass Hubble in der Lage wäre, mindestens 70 Prozent des Lichts von Iota Carinae in einem sehr kleinen Bereich zu konzentrieren. Tatsächlich war das Licht jedoch über eine etwa zehnmal größere Region am Himmel verschmiert.

Das teure und lange geplante Weltraumteleskop sah unscharf! Der Grund dafür ist fast schon komisch, wenn es nicht gleichzeitig auch so tragisch wäre: Gerade das Messinstrument, das dafür zuständig war, Fehler im Spiegel des Teleskops zu entdecken, war selbst fehlerhaft. Erst drei Jahre später war man in der Lage, Hubble zu reparieren. Erneut flog ein Space Shuttle ins All, und Astronauten bauten ein Korrektursystem ein. Hubble bekam quasi eine Brille, sah von da an scharf – und wurde nun endlich zu genau dem revolutionären Instrument, das man sich erhofft hatte.

Der Start des Hubble-Weltraumteleskops war also ein wenig holprig. In den folgenden Jahrzehnten rechtfertigten seine Beobachtungen aber alle Mühen. Die Bilder von Hubble haben unsere Vorstellung vom Universum revolutioniert. Mehr als 10 000 wissenschaftliche Fachartikel wurden im Laufe der Jahrzehnte mit den Daten verfasst, die es uns gebracht hat. Darüber hinaus hat Hubble auch den Blick der Menschheit auf den Kosmos verändert, und seine fantastischen Aufnahmen von Sternen, Galaxien und kosmischen Nebeln sind Teil unserer kollektiven Vorstellung vom Universum geworden.

Die unscheinbare graue Aufnahme mit dem unscharfen Stern Iota Carinae war der Anfang der erfolgreichsten Karriere, die ein Teleskop bis jetzt hatte. Hubble wurde weit über seine geplante Lebensdauer von 15 Jahren hinaus betrieben. 2015 feierte das Teleskop seinen 25. Geburtstag. Das Ende ist aber absehbar. Die NASA hat ihr Space-Shuttle-Programm eingestellt, sodass das Teleskop nicht mehr gewartet und seine Umlaufbahn nicht mehr korrigiert werden kann. Spätestens 2024 wird es sich der Erde so sehr angenähert haben, dass es durch die Reibung mit ihrer Atmosphäre abstürzen und zerstört werden wird. Und dann wird es kurzfristig vielleicht so hell leuchten wie Iota Carinae, der Stern, mit dem alles angefangen hat.

39

Sonne

Die lange Suche nach der Astronomischen Einheit

Es gibt einen Stern, der wichtiger für uns ist als alle anderen und den wir trotzdem kaum als Stern wahrnehmen. Unsere Sonne ist für unser Leben und unsere Kultur so dominant, dass wir ihre wahre Natur gerne vergessen. Aber natürlich ist auch sie ein Stern, und dass sie uns nicht so vorkommt wie die vielen anderen Sterne am Himmel, liegt nur daran, dass sie uns so nahe ist.

Aber wie nahe eigentlich genau? Das ist eine ziemlich fundamentale Frage, die sich die Menschen daher auch schon ziemlich früh gestellt haben. Schon vor mehr als 2000 Jahren haben griechische Gelehrte wie Archimedes, Aristarch von Samos oder Hipparch probiert, eine Antwort zu finden. Ohne optische Instrumente und ohne ein wirkliches Verständnis der realen Vorgänge am Himmel waren ihre Berechnungen aber so ungenau, dass sie dem wahren Wert nicht besonders nahe gekommen sind.

Eigentlich wäre das Prinzip ja ganz einfach. Es geht nur darum, die Parallaxe zu messen – also die scheinbare Verschiebung der Position der Sonne, wenn man sie von unterschiedlichen Positionen aus betrachtet. Diese ist umso größer, je näher uns die Sonne ist. Daraus ließe sich also direkt der Abstand berechnen – wenn die Sonne nicht so enorm hell wäre. Denn ihre Helligkeit macht es leider unmöglich, ihre Position vor dem Hintergrund der Sterne ausreichend genau zu beobachten.

Aber man kann die Sache auch indirekt angehen. Denn die relativen Abstände der Himmelskörper im Sonnensystem waren spätestens seit Johannes Kepler und Isaac Newton sehr gut bekannt. Das dritte der Keplerschen Gesetze besagt ja, dass die Zeit, die ein Planet braucht, um die Sonne zu umkreisen, mit seinem mittleren Abstand von der Sonne zusammenhängt. Die Umlaufzeit konnte man aus Beobachtungen bestimmen, das war kein Problem. Um aber daraus mithilfe des Gravitationsgesetzes auch den exakten Abstand berechnen zu können, müsste man die Massen von Planet und Sonne kennen. Die waren damals jedoch unbekannt.

Alles, was man berechnen konnte, waren relative Abstände, also der Abstand eines Planeten von der Sonne im Verhältnis zum Abstand eines anderen. Man wusste daher zum Beispiel, dass der Jupiter im Mittel fünfmal weiter von der Sonne entfernt ist als die Erde – aber nicht, wie viel das in Kilometern ergibt. Um diese absoluten Werte aus den relativen Abständen berechnen zu können, musste zuerst irgendein Abstand zwischen zwei Himmelskörpern exakt und absolut bestimmt werden.

Man versuchte es mit Messungen der Parallaxe vom Mond oder des Mars, und die Werte, die man im 17. Jahrhundert erhielt, waren schon ein wenig genauer als die der alten Griechen. Aber dann stieß man auf eine Chance, die wirklich vielversprechend war: 1761 und 1769 würde die Venus von der Erde aus gesehen genau vor der Sonne vorüberziehen. Wie sie das genau tut und wie lange sie dafür braucht, hängt davon ab, von wo auf der Erde aus man das Ereignis beobachtet. Und natürlich auch vom Abstand zwischen Venus und Erde. Beobachtet man nun also diesen »Venustransit« von unterschiedlichen Positionen aus und bestimmt die Dauer des Ereignisses so exakt wie möglich, kann man daraus den Abstand zwischen Venus und Erde berechnen – und damit auch alle anderen absoluten Abstände im Sonnensystem.

1761 fieberten also Astronomen aus der ganzen Welt dem Venustransit entgegen und machten sich daran, ihn zu beobachten. Von Sibirien aus, vom nördlichen Skandinavien, von Indien, Europa, Amerika; selbst ins ferne Tahiti hatte man Beobachter geschickt. All diese Daten wurden gesammelt und daraus der Abstand zur Sonne berechnet. Das Ergebnis: 153 Millionen Kilometer!

Später fand man natürlich noch genauere Methoden; im 20. Jahrhundert konnte man den Abstand zwischen Erde und Venus durch die Reflexion von Radarstrahlen auch direkt und extrem exakt messen. Ganz genau ist der Wert natürlich nie zu bestimmen. Immerhin ändert sich der Abstand zwischen Erde und Sonne ja ständig; mal ist unser Planet ihr auf seiner Bahn ein wenig näher, mal ein wenig weiter weg. Im Jahr 2012 hat die Internationale Astronomische Union ihre Suche nach immer genaueren Werten dieses Abstands daher beendet. Sie hat der Distanz mittlerweile den Namen »Astronomische Einheit« verliehen und sie einfach per Definition als neue Längeneinheit auf einen exakten Wert von 149 597 870 700 Metern festgelegt.

NOMAD1 0856-0015072

Die späte Rache des Pluto

Am 6. November 2010 erlosch das Licht des Sterns NOMAD1 0856-0015072. Nur für ein paar Sekunden. Es war ein Ereignis, von dem unter anderen Umständen vermutlich niemand etwas mitbekommen hätte. Der Stern ist mit bloßem Auge nicht zu erkennen und selbst durch ein Teleskop betrachtet nur ein unscheinbarer Lichtpunkt unter vielen anderen ebenso unscheinbaren Lichtpunkten. Vor dem 6. November 2010 hatte sich niemand für ihn interessiert, aber an diesem Tag richteten die Astronominnen und Astronomen ihre Teleskope mit großem Interesse in seine Richtung. Er sollte ihnen helfen, mehr über eine umstrittene und faszinierende Welt des Sonnensystems zu erfahren.

Am 5. Januar 2005 hatten die amerikanischen Astronomen Mike Brown, Chad Trujillo und David Rabinowitz einen Asteroiden in den fernen Außenbezirken unseres Sonnensystems entdeckt. Er trägt heute den Namen »Eris« und bewegt sich weit hinter der Bahn von Neptun. Auf seinem Weg um die Sonne entfernt er sich fast 100-mal weiter von ihr, als es die Erde tut. In der Gegend hatte man zuvor schon einige Asteroiden entdeckt, doch dieser Fall war speziell: Denn den ersten Daten zufolge war der Asteroid größer als Pluto. Größer also als der Himmelskörper, der damals noch als neunter Planet des Sonnensystems geführt wurde.

Hatten Brown, Trujillo und Rabinowitz einen neuen Planeten entdeckt? Nein, wie unter anderem Mike Brown selbst immer wieder versicherte. Man war genau an der Stelle im

Sonnensystem auf Eris gestoßen, wo sich jede Menge Asteroiden befinden und wo man die Existenz von Asteroiden auch erwartet. Eris bewegte sich wie ein Asteroid und verhielt sich wie einer. Er war eben nur sehr groß. Und diese Größe war der Anlass für heftige Diskussionen: Wenn Eris ein Asteroid und größer als Pluto war, was sollte dann Pluto sein? Auch ein Asteroid? Oder muss man Eris doch als Planet klassifizieren?

Die meisten Astronominnen und Astronomen waren sowieso schon lange der Meinung, dass Pluto als Asteroid viel besser aufgehoben wäre. So wie Eris befindet er sich inmitten einer für Asteroiden notorischen Region – und er bewegt sich auch genauso, wie diese es tun. Außerdem ist er viel kleiner als die anderen Planeten des Sonnensystems. Seine Klassifizierung als Planet nach seiner Entdeckung im Jahr 1930 dürfte auf die damalige dürftige Datenlage zurückzuführen sein. Aber jetzt, wo man es besser wusste, sollte man den Fehler korrigieren, so die vorherrschende Meinung der Fachwelt.

Genau das geschah schließlich im Sommer 2006. Nach heftigen Diskussionen wurde Pluto der Status als Planet aberkannt. Er ist seitdem »nur noch« ein großer Asteroid, der gemeinsam mit vielen anderen seine Runden um die Sonne zieht, ebenso wie Eris. Aber um die – zumindest im Vergleich zu anderen Asteroiden – beeindruckende Größe von Pluto und Eris zu würdigen, schuf man die neue Gruppe der »Zwergplaneten«, zu denen sich nun die größeren Asteroiden des Sonnensystems zählen durften.

Die neue Situation ist in der Astronomie weitestgehend akzeptiert worden; nur eine Minderheit fordert immer wieder einmal, Pluto doch wieder zum Planeten zu erklären. Und am 6. November 2010, als sich die Teleskope auf NOMAD1 richteten, bekamen diese Abtrünnigen ein neues Argument für ihre Forderungen.

Denn das kurzfristige Erlöschen des Sterns NOMAD1 an diesem Tag hatte nichts mit dem Stern selbst zu tun. Eris war dafür verantwortlich: Eris zog von der Erde aus gesehen direkt an NOMAD1 vorbei. Der Schatten des fernen Himmelskörpers bewegte sich in einem schmalen Streifen über die Erde, und drei Sternwarten in Chile hatten das Glück, diese seltene »Sternenfinsternis« beobachten zu können. Aus der exakten Dauer der Verdunkelung konnten sie den genauen Durchmesser von Eris berechnen. Das Resultat: Eris war mit 2326 Kilometer Durchmesser ein bisschen kleiner als Pluto mit seinen 2374 Kilometern. Der degradierte Pluto ist also doch größer!

Seinen früheren Status wird er dadurch allerdings trotzdem nicht zurückerhalten. Es kommt eben nicht nur auf die Größe an, sondern auch auf die Umgebung, in der sich ein Himmelskörper befindet. Pluto mag zwar groß sein, aber er ist nur ein großer Asteroid inmitten vieler anderer Asteroiden. Er hat es nicht geschafft, zum dominanten Himmelskörper in seiner Region des Sonnensystems zu werden. Aus Sicht der Astronomie ist das aber nicht schlimm: Dort erforscht man Asteroiden genauso gerne und begeistert wie die Planeten.

41

Z Chamaeleontis

Zu früh für Schwarze Zwerge

»Gibt es beim kataklysmischen Doppelstern Z Cha einen Schwarzen Zwerg?«, fragten sich die Astronomen John Faulkner und Hans Ritter im Titel eines Fachartikels, den sie 1982 veröffentlichten. Das nach dem Journalisten Ian Betteridge benannte und nicht ganz ernst gemeinte Gesetz der Schlagzeilen (»Jede Schlagzeile, die mit einem Fragezeichen endet, kann mit dem Wort ›Nein‹ beantwortet werden«) prophezeit dieser Frage keine allzu hoffnungsvolle Zukunft. Was aber auch nicht überrascht, denn das Universum ist noch viel zu jung, um Schwarze Zwerge beherbergen zu können.

Zur Verteidigung von Faulkner und Ritter muss man allerdings anmerken, dass sie nicht das finden wollten, was heute in der Astronomie als »Schwarzer Zwerg« bekannt ist. Sie waren auf der Suche nach »Braunen Zwergen«, also den Himmelskörpern, die zwar größer und schwerer als ein Planet sind, aber noch nicht genug Masse haben, um echte Sterne zu werden.

Als man die Existenz solcher Fast-Sterne in den 1960er-Jahren vermutete, gab man ihnen den Namen »Schwarze Sterne«, weil sie kaum leuchteten. Später setzte sich aber der Begriff »Brauner Zwerg« durch, und man verwendete den Ausdruck »Schwarzer Zwerg« für etwas ganz anderes. Nämlich die Art von Himmelskörpern, die man in ferner Zukunft vielleicht tatsächlich beim Doppelstern Z Cha finden könnte.

Z Chamaeleontis (wie Z Cha mit vollem Namen heißt) ist ein 316 Lichtjahre entfernter Doppelstern im Sternbild Chamäleon. Er besteht aus zwei Zwergsternen, einem Roten und einem Weißen Zwerg. Rote Zwergsterne sind die kleinsten Sterne, die es gibt. Sie haben viel weniger Masse als unsere Sonne; die kleinsten von ihnen erreichen nicht einmal 10 Prozent der Sonnenmasse. Weiße Zwerge dagegen sind noch kleiner und gar keine echten Sterne mehr. Sie sind das, was von einem mittelgroßen Stern übrig bleibt, wenn er sein Leben beendet hat.

Hat ein Stern allen Brennstoff in seinem Inneren aufgebraucht, kommt die Kernfusion zum Erliegen. Zuvor hat der Stern in den letzten Phasen seines Lebens seine äußeren Schichten abgestoßen, und übrig bleibt nur der tote Kern. Der ist nur noch so groß wie die Erde, vorerst noch sehr heiß und macht ansonsten nicht mehr viel. Er kühlt einfach nur noch ab – sofern er nicht doch noch irgendwo neuen Treibstoff auftreiben kann.

Der Weiße Zwerg von Z Cha hat Glück; sein roter Begleiter ist ihm extrem nahe. So nahe, dass immer wieder mal Gas vom Roten Zwerg auf den Weißen Zwerg übergehen kann. Dann setzt die Kernfusion für kurze Zeit explosionsartig wieder ein, und er leuchtet plötzlich hell auf.

Irgendwann ist aber auch das zu Ende – spätestens wenn auch der Rote Zwerg sein Leben beendet hat. Und Weiße Zwerge, die das Pech haben, ohne Begleiter existieren zu müssen, haben sowieso keine Wahl. Der letzte Rest eines ehemaligen Sterns kühlt immer weiter ab und wird dabei immer dunkler. Irgendwann sind sie komplett ausgekühlt und so kalt wie das sie umgebende Universum. Dann sind sie Schwarze Zwerge geworden: kalte, dunkle und tote Himmelskörper.

Bis es so weit ist, dauert es allerdings ein wenig. Ein Weißer Zwerg mag zwar klein sein, aber es handelt sich immer noch um eine gewaltige Masse aus sehr heißer Materie. Man schätzt, dass es mindestens eine Billiarde Jahre dauert, bis aus einem Weißen ein Schwarzer Zwerg wird, und unter Umständen könnte es noch sehr viel länger dauern. Das Universum mit seinem Alter von 13,8 Milliarden Jahren ist einfach noch viel zu jung, um einen Schwarzen Zwerg hervorgebracht zu haben.

Aber wenn es in unzähligen Äonen dann doch so weit ist, kann die Frage von Faulkner und Ritter ausnahmsweise einmal entgegen Betteridges Gesetz beantwortet werden: Ja, dann wird es beim Doppelstern Z Chamaeleonis einen Schwarzen Zwerg geben.

42

HD 162826

Verlorene Schwester der Sonne?

Unsere Sonne hat jede Menge Geschwister, die überall in der Milchstraße verteilt sein müssen. Zumindest eine ihrer verlorenen Schwestern könnten wir inzwischen gefunden haben: den Stern HD 162826. Er befindet sich 110 Lichtjahre von uns entfernt und leuchtet zu schwach, um mit bloßem Auge sichtbar zu sein. Aber der armenische Astronom Vardan Adibekyan hat ihn im Jahr 2014 aus einer Liste von gut 17 000 Sternen als mögliche Schwester der Sonne identifiziert.

Wenn ein Stern entsteht, dann tut er das nicht alleine. Die großen Gaswolken, in denen sich Sterne bilden, haben Material für Hunderte oder Tausende von ihnen. Und wenn so eine Wolke erst mal unter ihrem eigenen Gewicht in sich zusammenfällt, dann bleibt es nicht bei einem isolierten Himmelskörper. Der Kollaps findet fast gleichzeitig an vielen Stellen statt, und am Ende entsteht eine ganze Familie an neuen Sternen.

All diese Sterne entstehen zwar in der gleichen Region, haben aber in der chaotischen Phase ihrer Geburt leicht unterschiedliche Eigengeschwindigkeiten angenommen. Anfangs bewegen sie sich daher noch gemeinsam durchs All, aber schon bald verteilen sie sich in der ganzen Milchstraße. Unsere Sonne ist 4,5 Milliarden Jahre alt – und ihre Geschwister nach so langer Zeit wiederzufinden, ist eine schwierige Aufgabe.

Um einen »solar sibling«, wie diese Sterne in der Astronomie genannt werden, zu entdecken, muss man auf zwei Dinge achten. Erstens muss ein solcher Stern natürlich das gleiche Alter haben wie unsere Sonne. Das kann aber natürlich nur ein erster Hinweis sein, denn zum einen kann die Altersbestimmung nie völlig exakt sein, und zum anderen kann es sich um einen Zufall handeln. Daher muss ein Schwesterstern zweitens auch die gleiche chemische Zusammensetzung wie die Sonne aufweisen. Ein Stern besteht, wie auch die Wolke, aus der er entstanden ist, vor allem aus Wasserstoff und Helium, aber daneben finden sich auch geringe Mengen anderer chemischer Elemente. Deren Anteil ist zwar von Wolke zu Wolke unterschiedlich, muss aber bei allen Sternen, die aus derselben Wolke entstanden sind, mehr oder weniger identisch sein.

Bei seiner Suche nach einem Stern, auf den diese Eigenschaften zutreffen, stieß Vardan Adibekyan schließlich auf HD 162826. Er hat fast exakt die gleiche chemische Zusammensetzung wie unsere Sonne und ist, wie sie, 4,5 Milliarden

Jahre alt. Noch dazu handelt es sich um einen Stern mit annähernd der gleichen Masse, Temperatur, Helligkeit und Größe wie unsere Sonne. Das ist nicht selbstverständlich: So wie echte Geschwister komplett unterschiedlich aussehen können, ist das auch bei den solar siblings der Fall. Aus derselben Wolke können große und kleine Sterne entstehen, die heller oder schwächer leuchten. Dass HD 162826 nicht nur ein Geschwisterstern der Sonne sein könnte, sondern auch noch ein echter Sonnenzwilling, ist ein wahrer Glückstreffer.

Für die Astronomie sind diese Sterne auf jeden Fall höchst interessant. Einerseits könnten wir durch die Untersuchung der Sonnengeschwister herausfinden, wie die Entstehung unseres Sonnensystems damals genau abgelaufen ist. Unsere Sonne hat zum Beispiel eine deutlich andere chemische Zusammensetzung als die meisten anderen Sterne in ihrer Umgebung. Sie muss also nach ihrer Entstehung in eine Gegend der Milchstraße geraten sein, die sich deutlich von ihrer Geburtsregion unterscheidet. Würden wir mehr ihrer Geschwister kennen, könnten wir herausfinden, wie es dazu kam.

Sonnengeschwister wären außerdem gute Kandidaten, in deren Umfeld man nach Planeten mit Leben suchen kann. Wir wissen, dass es Leben – oder zumindest die chemischen Bausteine für die Entstehung des Lebens – schon sehr früh auf der Erde gegeben hat, also vermutlich zu einer Zeit, in der sich die Sonne noch inmitten all ihrer gleichaltrigen Schwestern befunden haben muss. Asteroideneinschläge könnten Stücke von der Erde, inklusive der Bausteine des Lebens oder sogar zäher Mikroorganismen, ins All geschleudert haben. Vielleicht haben es ein paar davon bis zu den Planeten der anderen, damals sehr nahen Sterne geschafft und dort ebenfalls für die Entstehung von Leben gesorgt. Oder es war sogar umgekehrt, und das Leben kam von den Planeten eines anderen Sterns bis zu uns. So oder so – eine Familienzusammenführung wäre aus astronomischer Sicht höchst wünschenswert.

(43)

40 Cancri

Verjüngungskur dank Kollision

Der Stern 40 Cancri befindet sich etwa 630 Lichtjahre entfernt im Sternbild Krebs. Er ist ein sogenannter »Blauer Nachzügler«, und diese seltsamen Objekte haben Astronominnen und Astronomen lange Zeit verwirrt. Denn eigentlich sollte es sie gar nicht geben.

1953 hat der amerikanische Astronom Allan Sandage Sterne im Kugelsternhaufen M3 beobachtet. Die Objekte in einem solchen Haufen haben eine gemeinsame Vergangenheit: Sie sind alle zu mehr oder weniger der gleichen Zeit aus derselben großen kosmischen Gaswolke entstanden. Sie teilen sich den Geburtstag, entwickeln sich aber dennoch unterschiedlich. Die massereicheren Sterne sind heißer, und die Kernfusion in ihrem Inneren läuft schneller ab. Ihr Leben ist daher kürzer als das der kleineren Sterne, die weniger Masse haben.

Wenn man einen solchen Sternhaufen beobachtet, wird man also viele Sterne sehen, die sich schon zu Roten Riesen entwickelt haben, sich also in der letzten Phase ihres Lebens befinden und bereits stark aufgebläht haben. Die Sterne mit geringer Masse hingegen leben ihr Leben noch ganz normal vor sich hin. Je älter der Haufen ist, desto mehr Sterne hatten bereits Zeit, sich zu Roten Riesen zu entwickeln. Vergleicht man also die Menge der Riesensterne mit denen, die noch ganz normal leuchten, lässt sich daraus das Alter des Haufens ziemlich genau bestimmen.

Allan Sandage stieß bei seiner Untersuchung allerdings auf ein paar seltsame Sterne. Sie leuchteten hell und bläulich – ein Hinweis auf eine hohe Temperatur und, damit verbunden, eine große Masse. All die anderen Sterne des Haufens mit ähnlichen Massen wie diese blauen Ausreißer hatten sich jedoch schon längst zu Roten Riesen entwickelt. Und da alle Sterne zur gleichen Zeit entstanden sind, hätte es die blauen Sterne eigentlich gar nicht mehr geben dürfen. Sie waren schlicht zu alt, um noch in der Form existieren zu können, in der sie sich Sandage aber offensichtlich präsentierten.

Mittlerweile kennt man das Geheimnis ihrer Verjüngungskur. Es ist ziemlich radikal: Ein Stern beginnt genau dann, sich zu einem Roten Riesen aufzublähen, wenn in seinem Kern der Wasserstoff als Brennstoff für die Kernfusion aufgebraucht ist. Will er länger leben, braucht er neues Material für die Fusion. Das kann er kriegen, wenn er zum Beispiel Teil eines sehr engen Doppelsternsystems ist. Falls sein Begleiter früher damit beginnt, sich aufzublähen, und wenn beide einander nahe genug sind, kann Material vom sterbenden Stern zum anderen fließen. Dieser wächst, leuchtet ab jenem Zeitpunkt heller, ist heißer und kann ein zweites Leben als Blauer Nachzügler beginnen.

Bei 40 Cancri kann das aber nicht so abgelaufen sein, denn es finden sich keine Hinweise darauf, dass er je Teil eines Doppelsternsystems war. Hier hat eine etwas brutalere Version der Verjüngungskur stattgefunden. Vermutlich ist er mit einem anderen Stern zusammengestoßen. Bei der Kollision entstand aus zwei massearmen Sternen ein massereicher Stern, der von da an einem neuen Leben entgegenblicken durfte.

44

171 Puppis A

Wie Gold und Silber in die Welt kommen

Im Sternbild mit dem schönen Namen »Achterdeck des Schiffes« kann man 171 Puppis A sehen, wenn auch nur schwer, denn dieser Stern leuchtet extrem schwach. Sein weißliches Licht verrät dem bloßen Auge nicht, woraus der Stern besteht. Den sehr viel besseren künstlichen Augen der Teleskope aber schon. Im Jahr 2010 war er einer von 71 Sternen, die sich Camilla Juul Hansen von der Europäischen Südsternwarte und ihre Kollegen ganz genau angesehen haben. Sie wollten herausfinden, woher Gold und Silber kommen.

Kurz nach seiner Entstehung vor 13,8 Milliarden Jahren war die Auswahl an chemischen Elementen im Universum noch begrenzt. Es gab sehr viel Wasserstoff, ein bisschen weniger Helium, ganz geringe Mengen an Lithium und noch viel weniger Beryllium. Die restlichen chemischen Elemente des Periodensystems mussten erst durch Kernfusion im Inneren von Sternen entstehen. Heliumatome können dort zu Kohlenstoff und Sauerstoff verschmolzen werden; daraus wiederum können noch schwerere Atome entstehen, und so geht es weiter, bis man bei Eisen angelangt ist.

Eisen ist problematisch für Sterne. Bei allen Elementen des

Periodensystems bis zum Eisen wird bei der Fusion immer Energie freigesetzt. Will man allerdings zwei Eisenatome miteinander verschmelzen, dann muss man dafür Energie aufbringen. Bei Eisen stoppt die Kette der Kernreaktionen, durch die im Inneren von Sternen neue Elemente gebildet werden. Alle noch schwereren Atome wie etwa Gold oder Silber müssen also auf anderem Weg entstehen.

Um Gold und Silber bilden zu können, braucht es Neutronen. Das sind die elektrisch nicht geladenen Bausteine der Atomkerne. Beschießt man ein Atom mit Neutronen, können diese problemlos in seinen elektrisch positiv geladenen Kern eindringen – im Gegensatz zu den ebenfalls elektrisch positiv geladenen Protonen, der zweiten Gruppe von Bausteinen im Kern, die von ihm abgestoßen würden. Lagern sich genug Neutronen an einem Atomkern an, wird er instabil und zerfällt. Bei den dabei stattfindenden Kernreaktionen wandeln sich einige der zuvor angelagerten Neutronen in Protonen um, und es entstehen neue und stabile Atome, wie eben Gold oder Silber.

In Teilchenbeschleunigern können wir diesen Vorgang gezielt ablaufen lassen. Aber wo sind die Beschleuniger im All? Das ist noch nicht ganz klar, aber die Astronominnen und Astronomen sind sich ziemlich sicher, dass es zwei unterschiedliche Arten geben muss. Bei alten, großen Sternen ist die Fusion von Wasserstoff und Helium im Kern schon zum Erliegen gekommen, und nur noch in den äußeren Schichten werden Elemente miteinander verschmolzen. Dort können dabei viele Neutronen erzeugt werden, die den Prozess in Gang setzen, bei dem schwerere Elemente entstehen. Neutronen werden aber auch in großer Menge erzeugt, wenn ein Stern sein Leben mit einer Supernova-Explosion beendet. Da die Entstehung schwerer Elemente im ersten Fall langsam und im zweiten Fall schnell abläuft, hat man sie ein wenig unkreativ »s-Prozess« und »r-Prozess« genannt (nach »slow« und »rapid«). Welchen Anteil die beiden Prozesse an der Produktion haben, ist noch nicht ganz verstanden; ebenso wo und unter welchen Bedingungen sie am besten stattfinden können.

Und, das haben Camilla Juul Hansen und ihre Kollegen durch die Untersuchung von 171 Puppis A und den anderen Sternen herausgefunden, wahrscheinlich gibt es noch andere Prozesse. Hansen und Co. haben sich Sterne verschiedener Masse und in unterschiedlichen Entwicklungsstadien angesehen und bestimmt, welche schweren Elemente in welchen Mengen dort jeweils zu finden sind. Die Daten variieren natürlich je nach den Eigenschaften des Sterns. Aber wenn schwere Elemente auf die gleiche Art und Weise in den gleichen Prozessen gebildet werden, müsste ihre Menge auch in einer vergleichbaren Größenordnung variieren. Wenn zum Beispiel ein schwererer Stern mehr Silber produziert als ein leichter, dann sollte er auch mehr Gold hervorbringen als ein leichter. Genau solche Zusammenhänge fanden Hansen und ihre Kollegen in vielen Fällen. In vielen anderen Fällen aber auch nicht – dort schien es genau umgekehrt zu sein: Je mehr von dem einem Element produziert wurde, desto weniger des anderen war zu finden.

Vor allem die Entstehung von Silber lässt sich nur mit r- und s-Prozess alleine nicht erklären; es scheint, als wäre hier noch ein dritter Prozess beteiligt, über den man noch nicht allzu viel weiß. Gold und Silber gehen bei ihrer Entstehung also wahrscheinlich unterschiedliche Wege. Und vermutlich gibt es neben den Supernova-Explosionen und alten Sternen noch weitere Orte und Phänomene im Universum, an denen und durch die die schweren Elemente produziert werden können. Einige konnte man schon finden, zum Beispiel die hochenergetischen Prozesse, die bei der Verschmelzung von Neutronensternen zu Schwarzen Löchern ablaufen. Dieses Phänomen konnten wir nur mit einer völlig neuen Technik – der Beobachtung von Gravitationswellen – erforschen. Wer weiß, welche buchstäblich wertvollen Erkenntnisse da draußen noch auf uns warten.

45

Alpha Antliae

Der Werkzeugkasten am Himmel

Der Stern Alpha Antliae ist, zugegeben, eher langweilig. Es gibt kaum etwas, das ihn von der riesigen Menge anderer Sterne unterscheidet. Er ist ein unscheinbares Ding, und das Interessanteste an ihm ist vermutlich sein Name: Er ist der hellste Stern im Sternbild »Antlia« (daher auch »Alpha Antliae«) – das ist Griechisch und bedeutet Pumpe. Auf Deutsch wird das Sternbild deshalb auch »Luftpumpe« genannt. Aber wer kommt auf die verrückte Idee, einem Sternbild einen derart prosaischen Namen zu verpassen?

Das war der französische Astronom Nicola-Louis de Lacaille. Im Jahr 1750 machte er sich auf eine Expedition nach Kapstadt in Südafrika, denn er wollte messen, wie weit die anderen Planeten von der Erde entfernt sind. Beobachtet man einen Planeten von unterschiedlichen Orten der Erde aus – blickt man also aus unterschiedlichen Richtungen hinaus ins

All –, scheint sich der Planet vor dem Hintergrund der Sterne ein wenig zu verschieben. Aus dieser Verschiebung kann der Abstand berechnet werden, und zwar umso genauer, je weiter die Beobachtungsposten auf der Erde voneinander entfernt liegen.

Während seine Kollegen ihre Beobachtungen in Europa dokumentierten, machte sich Lacaille also auf den Weg zur Südhalbkugel der Erde. Dort baute er sich eine Sternwarte und beobachtete nicht nur die Planeten, sondern auch ungefähr 10 000 Sterne. Daraus schuf er einen Atlas des Südhimmels und zeichnete dort auch die bekannten Sternbilder ein. Er musste allerdings feststellen, dass da noch viel Platz für neue Einträge war.

Ähnlich wie Kunst, Literatur und Philosophie ist auch die Wissenschaft in Europa stark von der griechisch-römischen Antike geprägt. Das galt und gilt auch für die Astronomie. Vom Mittelmeerraum aus hat in der Antike jedoch natürlich niemand die Sterne im tiefen Süden unseres Planeten beobachten können, sodass sie in den klassischen Sternkatalogen auch nicht auftauchten. Die Griechen und Römer konnten sich keine Geschichten über sie erzählen, sie mit mythischen Gestalten wie dem geflügelten Pegasus oder eitlen Königinnen wie Kassiopeia identifizieren. Und die Geschichten, die sich die Bewohner der Südhalbkugel über die Sterne erzählten, interessierte die europäischen Entdecker und Forscher des 17. und 18. Jahrhunderts kaum.

Lacaille jedenfalls stellte fest, dass große Bereiche des südlichen Himmels noch ohne Sternbilder waren, und dachte sich kurzerhand ein paar aus. Um das Zeitalter der Aufklärung entsprechend zu ehren, benannte er die meisten davon nach wissenschaftlichen Instrumenten. Bei der offiziellen Neuordnung des Himmels im 20. Jahrhundert wurden diese Namen dann ebenfalls übernommen. Neben der Luftpumpe (die damals eher zu Forschungszwecken eingesetzt wurde als zum Befüllen schnöder Fahrradreifen – die damals im Übrigen noch gar nicht erfunden waren …) gibt es daher nun auch einen himmlischen Zirkel, ein Teleskop und einen Kompass. Es gibt die Sternbilder der Pendeluhr, des Grabstichels und der Malerstaffelei. Am Südhimmel findet man zudem Oktant, Sextant, Winkelmaß, Mikroskop und sogar einen chemischen Ofen.

All dieses Werkzeug scheint die Romantik der Helden, Götter und anderen mythologischen Gestalten ein wenig zu stören, die wir am Himmel zu sehen gewohnt sind. Was sind schon Pendeluhr und Winkelmaß gegen den Kampf des Helden Perseus mit dem Monster Cetus, um die Prinzessin Andromeda zu retten? All diese Sternbilder können wir am Nordhimmel sehen – aber welche dramatischen Geschichten kann man sich über eine Luftpumpe oder einen chemischen Ofen erzählen? Dennoch hatte Lacaille auch irgendwie recht: All die wissenschaftlichen Instrumente mögen, solange sie ungenutzt in der Ecke liegen, eher langweilig erscheinen. Aber das, was wir dank und mit ihnen über das Universum herausgefunden haben, ist spannender als jeder Mythos.

W75N(B)-VLA2

Der Masseverlust des Babysterns

Ein Stern zu werden ist nicht einfach. Man kann die Entstehung eines Sterns jedoch recht einfach beschreiben, wenn man möchte: Man nehme ausreichend viel Zeug und quetsche es ausreichend stark zusammen; irgendwann wird das Ganze so heiß, dass die Atome miteinander zu verschmelzen beginnen und bei dieser Kernfusion Energie freisetzen: Der Stern strahlt.

Was für »Zeug« man dafür nimmt, ist eigentlich egal. Nach diesem Rezept könnte man auch einen waschechten Zimtstern produzieren, sofern man ausreichend Zimt zur Verfügung hat und auf einen Haufen packt. Abgesehen von der Erde sind die bekannten Zimtvorkommen im Universum aber eher überschaubar, und deswegen entstehen echte Sterne nicht aus Zuckerzeug, sondern aus großen kosmischen Wolken, die vor allem aus Wasserstoff bestehen. Wenn eine solche Wolke unter ihrem eigenen Gewicht in sich zusammenfällt, wird sie in ihrem Inneren heißer. Die Wärmestrahlung dringt nach außen und drückt dabei gegen das Gas der Wolke. Wenn die Temperatur stark genug angestiegen ist, sodass der Gasdruck die Gravitationskraft ausgleicht, stoppt der Kollaps.

Das, was hier entstanden ist, ist aber noch lange kein Stern. Es ist noch nicht einmal ein sogenannter »Protostern«, wie W75N(B)-VLA2, der sich durchaus einen schöneren Namen verdient hätte. Er befindet sich 4200 Lichtjahre von der Erde entfernt und hat momentan achtmal so viel Masse wie unsere Sonne. Er legt immer noch an Masse zu, verliert aber auch welche. Und genau dieser Massenverlust hat den mexikanischen Astronomen Carlos Carrasco-González und seine Kollegen im Jahr 2015 sehr begeistert.

Damit W75N(B)-VLA2 das werden konnte, was er heute ist, musste er den oben beschriebenen Prozess noch ein wenig fortsetzen. Der werdende Stern lässt sich in diesem »Protoproto«-Zustand treffender als warme, große Wolke beschreiben. Aus den äußeren Schichten fällt immer noch neues Gas auf die Wolke, und die dadurch ausgelösten Schockwellen heizen den Kern weiter auf. Der besteht aus Wasserstoffmolekülen, also aus zwei Wasserstoffatomen, die sich miteinander verbunden haben.

In dieser Form kommt Wasserstoff am häufigsten vor, aber wenn man genug Energie in ein solches Molekül steckt, dann bricht es auseinander. Die ganze Wärme, die sich im Kern der Wolke aufbaut, wird also nun verwendet, um Wasserstoffmoleküle zu spalten. Die Gasteilchen können sich ohne diese Wärme aber nicht mehr schnell genug bewegen, um den Gasdruck aufrechtzuerhalten, der den weiteren Kollaps verhindert. Also setzt der Kollaps wieder ein, und die Wolke fällt weiter in sich zusammen.

Sie heizt sich noch weiter auf, und irgendwann reicht die Wärme wieder aus, um den nötigen Gasdruck zu erzeugen, der den Kollaps ein weiteres Mal aufhält. Und erst jetzt wird aus der Wolke ein Protostern! Er ist noch immer in jede Menge Gas und Staub gehüllt, der weiterhin von außen auf ihn niederrieselt und dadurch Dichte und Temperatur erhöht. Das ganze Material sammelt sich in einer Scheibe um den Stern, bevor es ihn erreichen und seine Masse erhöhen kann. Ein Teil wird aber auch wieder zurück ins All geschleudert. Dafür sind die Magnetfelder verantwortlich, die der Protostern entwickelt und die einen Teil des Gases ab- und zurück nach außen lenken.

Wie das genau abläuft, ist noch nicht vollständig verstanden. Aber zumindest ein Teil von dem, was man bisher nur vermutet hat, konnte man bei W75N(B)-VLA2 nun konkret beobachten. Auf einem alten Bild des Protosterns aus dem Jahr 1996 sah man, wie der Stern Gas in Form einer runden Wolke ausstieß. Auf den neuen Bildern, die 18 Jahre später aufgenommen wurden, hat sich diese runde Wolke deutlich abgeflacht. Das bestätigt die Annahme, dass sich das ganze Material der Wolke im Laufe der Sternentstehung als eine Art dicker Ring um den Protostern angeordnet hat. Das Material, das W75N(B)-VLA2 ausgestoßen hat, konnte sich deswegen nicht ungehindert in alle Richtungen ausbreiten, sondern nur dort, wo der Ring nicht war.

Um zu einem echten Stern zu werden, muss W75N(B)-VLA22 aber den ganzen Rest des Zeugs, das ihn umgibt, auch noch loswerden. In den nächsten Zehntausenden von Jahren wird es weiter auf ihn fallen, ihn noch dichter und heißer werden lassen, bis die Temperatur in seinem Innern irgendwann hoch genug ist, um eine echte Kernfusion durchführen zu können. Erst dann ist aus dem Protostern ein Stern geworden – und erst dann können wir ihn, sofern er hell genug ist, an unserem Himmel leuchten sehen.

47

HIP 13044

Ein Fall für die Astro-Archäologie

Er sieht eigentlich vollkommen unauffällig aus. Gut, er ist ein wenig größer als unsere Sonne, dafür nur ein wenig heißer und mit 2300 Lichtjahren quasi noch in unserer galaktischen Nachbarschaft. Aber er ist fast doppelt so alt wie unser Stern. Und in seinem langen Leben hat HIP 13044 schon einiges erlebt. Er kommt von weit weg und wurde in einer anderen Galaxie geboren. Und er musste schon als junger Stern mit ansehen, wie diese Galaxie der Milchstraße zu nahe kam und von ihr auseinandergerissen wurde. Seitdem zieht er mit einer Gruppe anderer heimatlos gewordener Sterne seine Runden um das Zentrum der Milchstraße.

HIP 13044 ist ein Fall für die Astro-Archäologie – eine scherzhafte Bezeichnung für die Suche nach Galaxien, die nicht mehr existieren. So wie alles im Universum bewegen sich auch die riesigen Galaxien durch den Kosmos. Wenn zwei davon miteinander kollidieren, ist das aber nicht vergleichbar mit dem Zusammenstoß von zwei Autos. Es kracht nichts, es explodiert nichts, und genau genommen stößt nicht einmal irgendetwas mit irgendetwas anderem zusammen. Zwischen den Sternen einer Galaxie ist einfach viel zu viel Platz. Die beiden gewaltigen Systeme aus Sternen durchdringen einander eher – und beeinflussen sich dabei gegenseitig durch ihre Gravitationskraft. Es dauert Milliarden von Jahren, bis eine solche Kollision abgeschlossen ist. Immer wieder wirbeln die Galaxien um- und durcheinander, bis sie schließlich miteinander verschmelzen.

Ist eine der Galaxien deutlich größer als die andere, kann die kleinere aber auch einfach nur verschluckt werden. Genau das hat unsere Milchstraße im Laufe der Zeit immer wieder getan. Kleinere Sternensysteme, die ihr zu nahe kamen, wurden von ihrer Gravitationskraft zuerst gestreckt; die Milchstraße hat die Sterne der kleinen Galaxien immer weiter auseinandergezogen. Am Ende blieb ein Strom aus Sternen übrig, der sich nun um unsere Galaxie herumwindet. Seinen Ursprung als eigenständiges Sternensystem erkennt man nur noch an der Art und Weise, wie sich die Sterne dort bewegen. Das tun sie alle in die gleiche Richtung, mit annähernd der gleichen Geschwindigkeit und nicht in der gleichen Ebene, in der sich die restlichen Sterne um das Zentrum der Milchstraße bewegen.

Solche Sternengruppen nennt man »Sternstrom«, und HIP 13044 gehört zu einem Sternstrom, der im Jahr 1999 von der argentinischen Astronomin Amina Helmi und ihren Kollegen entdeckt wurde. Die heute »Helmi-Strom« genannte Struktur ist mehrmals um die gesamte Milchstraße herumgewickelt, und man schätzt, dass sich dort bis zu 100 Millionen alter Sterne aufhalten.

HIP 13044 ist einer davon, und er machte im Jahr 2010 Schlagzeilen. Astronomen vom Max-Planck-Institut für Astronomie in Heidelberg hatten einen Planeten entdeckt, der diesen Stern umkreist. Damals kannte man zwar schon ein paar Hundert Planeten anderer Sterne – aber das war der erste bekannte Planet eines Sterns, der außerhalb unserer Milchstraße geboren worden war. Der erste extragalaktische Planet also und eine riesige Chance für die Astronomie mit dem Potenzial für revolutionäre Erkenntnisse.

Die Aufregung in der Fachwelt war entsprechend groß,

aber es war in diesem Fall tatsächlich zu schön, um wahr zu sein: 2014 stellte sich heraus, dass man bei der Auswertung der Beobachtungsdaten Fehler gemacht hatte. Der Planet existiert nicht.

Aber Sternströme gibt es noch jede Menge. Fast zwei Dutzend hat man mittlerweile identifiziert. Irgendwo in diesen Strömen wird man früher oder später auch einen echten Planeten finden. Ein extragalaktisches »Fossil«, das uns dann all die Daten liefern wird, die uns der nicht vorhandene Planet von HIP 13044 leider schuldig bleiben musste.

48

KIC 4150611

Wir brauchen mehr Syzygien!

Mein astronomisches Lieblingswort ist »Syzygium«. Noch besser ist der Plural: »Syzygien«. Und am allerbesten klingt das Wort auf Englisch. Da heißt es »syzygy«, und wo sonst findet man schon eine Buchstabenfolge, die sich so exzessiv dem hinteren Ende des Alphabets widmet.

Ein Syzygium ist aber auch jenseits der Orthografie sehr interessant. Man beschreibt damit eine Situation, in der drei Himmelskörper genau in einer Linie stehen. Meistens wird das Wort im Zusammenhang mit Sonne, Mond und Erde verwendet. Steht der Mond von der Erde aus gesehen exakt vor der Sonne, dann können wir eine Sonnenfinsternis beobachten. Gleiches gilt umgekehrt: Wenn die Erde sich genau auf der Linie zwischen Sonne und Mond befindet, dann gibt es eine Mondfinsternis. Manchmal wird das Wort auch benutzt, um nur die Ausrichtung von Sonne und Mond zu beschreiben, denn es gibt ja nicht jeden Monat eine Sonnen- oder Mondfinsternis, obwohl der Mond sich in dieser Zeit einmal um die Erde herum bewegt. Wenn die Erde zwischen Sonne und Mond steht, aber nicht exakt auf der Verbindungslinie beider Himmelskörper, dann erleben wir keine Mondfinsternis, sondern einen Vollmond.

Für Syzygien können wir aber auch weiter hinaus ins Weltall schauen, zum Beispiel zum Stern KIC 4150611, der genau genommen kein einzelner Stern ist, sondern gleich fünf davon. Im Gegensatz zur Sonne, die ihren Weg durchs All alleine zurücklegen muss, hat die Mehrheit der Sterne einen oder mehrere Partner. Bei den meisten handelt es sich um Doppelsterne, also um zwei Sterne, die einander umkreisen. Es gibt aber auch Mehrfachsternsysteme mit mehr Komponenten (das bisher bekannte Maximum liegt bei sieben Sternen), die jedoch mit steigender Sternanzahl immer seltener werden.

Von Fünffachsternsystemen wie KIC 4150611 kennen wir nur ein paar Dutzend, und die ungefähr 420 Lichtjahre entfernten Fünflinge sind ein ganz besonderer Fall. Wenn wir Glück haben und die Sterne eines Doppelsternsystems sich genau in der richtigen Ebene umkreisen, dann kann es zu einem Syzygium zwischen den Sternen und der Erde kommen. Oder anders gesagt: Von uns aus gesehen schiebt sich in regelmäßigen Abständen ein Stern vor den anderen. Es gibt dann natürlich keine Finsternis, denn beide Sterne leuchten ja. Aber je nachdem, welcher der beiden Sterne gerade vor dem anderen steht, erreicht uns insgesamt mehr oder weniger Licht. Solche »bedeckungsveränderlichen Sterne« sind wichtig, da wir aus dem Lichtwechsel nicht nur die Größe, sondern auch die genaue Umlaufzeit und daraus wiederum die genaue Masse der Sterne berechnen können. Normalerweise sind diese Werte nur sehr umständlich und nicht immer sehr genau zu ermitteln; bei den bedeckungsveränderlichen Sternen werden sie uns jedoch sozusagen auf dem Silbertablett serviert.

Die fünf Sterne von KIC 4150611 bilden von der Erde aus gesehen nun gleich mehrere Syzygien. Der hellste Stern des Ensembles wird regelmäßig von einem engen Doppelsternpaar verdeckt. Die beiden Sterne dieses Doppels schieben sich aber selbst ebenfalls in periodischen Abständen voreinander. Und auch die beiden übrigen Sterne der Gruppe umkreisen einander mit regelmäßigen Bedeckungen, während sie zusammen mit den drei anderen Sternen ihre Runden umeinander ziehen.

Es herrscht also ein ziemliches Durcheinander bei KIC 4150611. Für Planeten wird es bei all dem Gedränge vermutlich keinen Platz mehr geben, aber sollten dort doch irgendwelche Wesen leben, dann wüssten sie ein Wort wie »Syzygium« sicherlich zu schätzen.

49

Delta Cephei

Die wunderbaren Sterne
der Henrietta Swan Leavitt

Ohne Henrietta Swan Leavitt wüssten wir nicht, wie groß das Universum ist. Und auch nicht ohne den Stern Delta Cephei, der im Zentrum der Arbeit der amerikanischen Astronomin stand. Er befindet sich 887 Lichtjahre entfernt im Sternbild Kepheus und ist mit bloßem Auge gut zu sehen. Dass er aber seine Helligkeit in periodischen Abständen verändert, entdeckte man erst gegen Ende des 18. Jahrhunderts. Fast hundert Jahre später begann Henrietta Swan Leavitt ihre wissenschaftliche Arbeit am Harvard College.

Sie wurde als Computer eingestellt. So nannte man damals nicht die Geräte, die heute jeder von uns zu Hause hat. Es war die Bezeichnung für Menschen, die mathematische Berechnungen durchführten, und Edward Charles Pickering, der Direktor der Sternwarte von Harvard, engagierte dafür vorrangig Frauen. Denn so wie heute konnte man sie auch damals für die gleiche Arbeit schlechter bezahlen als Männer.

Leavitt und der Rest der »Harvard-Computer« waren unterbezahlt, ihre wissenschaftliche Arbeit war aber deswegen nicht weniger wert. Sie sollten zwar »nur« langweilige Routinearbeiten erledigen – Daten auswerten, Sterne sortieren und derlei mehr –, aber man konnte sie nicht daran hindern, über die Daten nachzudenken, mit denen sie da hantierten.

Henrietta Swan Leavitt fiel bei ihrer Arbeit auf, dass es Sterne gab, die ihre Helligkeit periodisch verändern. Sie wusste zwar noch nicht genau, warum sie das taten. Aber sie fing trotzdem an, sie zu katalogisieren. Dabei bemerkte sie, dass die helleren Sterne in ihrem Katalog die Helligkeit langsamer verändern als die dunkleren Sterne. Normalerweise wäre das eine Information, mit der man wenig anfangen kann, denn das, was wir von der Erde aus sehen, ist immer nur die scheinbare Helligkeit eines Sterns. Solange wir nicht wissen, wie weit ein Stern entfernt ist, können wir schlicht nicht entscheiden, ob ein Stern tatsächlich enorm hell leuchtet oder ob er nur den Anschein erweckt, weil er uns sehr nahe ist. Die Entfernungsbestimmung wiederum ist einigermaßen kompliziert und nicht ohne Weiteres durchführbar.

Swan Leavitt bemerkte aber, dass das hier keine Rolle spielte. Denn alle Sterne in ihrem Katalog befanden sich in der »Kleinen Magellanschen Wolke«. Das ist eine kleine Satellitengalaxie der Milchstraße, die ungefähr 200 000 Lichtjahre von uns entfernt ist. In erster Näherung kann man daher davon ausgehen, dass alle Sterne in dieser Zwerggalaxie gleich weit von uns weg sind. Die helleren Sterne leuchteten also tatsächlich heller als die dunkleren, und Henrietta Swan Leavitt konnte 1912 die sogenannte »Perioden-Leuchtkraft-Beziehung« aufstellen.

Sie tat das für eine Gruppe von Sternen, die heute »Cepheiden« genannt werden und die nach Delta Cephei benannt wurden. Das waren genau die Sterne, bei denen die Lichtschwankungen stark von der Helligkeit abhängen und die Leavitt in ihrem Katalog gesammelt hatte. Heute wissen wir auch, warum sie das tun. Das liegt am sogenannten »Kappa-Mechanismus« und hat mit der Durchlässigkeit der Sternatmosphäre für Strahlung zu tun. Wenn die Atmosphäre so beschaffen ist, dass die Durchlässigkeit bei zunehmender Temperatur ansteigt, kann sich ein Rückkopplungsmechanismus entwickeln, bei dem die Atmosphäre abwechselnd mehr und weniger durchlässig für die Strahlung aus dem Inneren des Sterns wird, der dadurch auch abwechselnd heißer und kühler wird und daher seine Helligkeit ändert. Die Geschwindigkeit dieser Pulsation ändert sich dabei, je nachdem wie hell und heiß der Stern grundsätzlich ist.

Aber auch ohne dieses später entdeckte Wissen war es dank der von Henrietta Swan Leavitt gefundenen Gesetzmäßigkeit nun möglich, die Entfernung zu einem beliebigen Cepheiden zu bestimmen. Die Periode der Helligkeitsschwankungen kann man leicht direkt beobachten, ebenso die scheinbare Helligkeit. Aus Leavitts Perioden-Leuchtkraft-Beziehung war es dann möglich, die wahre Helligkeit zu berechnen, und aus dem Vergleich von scheinbarer und wahrer Helligkeit den Abstand zum Stern.

Henrietta Swan Leavitt hat uns gezeigt, wie die Cepheiden zur Entfernungsmessung eingesetzt werden können, und dank ihrer Arbeit wurde es möglich, die wahren Ausmaße des Universums wieder ein Stückchen besser zu verstehen.

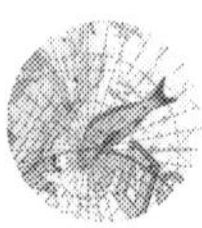

50

Der Stern von Bethlehem

Statussymbol für einen Messias

Der Stern von Bethlehem gehört zu Weihnachten wie der schlechte Glühwein auf dem Weihnachtsmarkt. Im Gegensatz zum alkoholischen Heißgetränk kann sich dieser Himmelskörper aber immerhin auf eine Referenz in der Bibel berufen. Im Matthäus-Evangelium wird die Geschichte der drei »Sterndeuter« erzählt, die der Geburt von Jesus beiwohnen wollten, sich aber nicht per GPS zum Ort des Geschehens leiten ließen, sondern von einem Stern: »Und siehe, der Stern, den sie hatten aufgehen sehen, zog vor ihnen her bis zu dem Ort, wo das Kind war; dort blieb er stehen. Als sie den Stern sahen, wurden sie von sehr großer Freude erfüllt.«

Aus astronomischer Sicht sind das eher dürftige Informationen, vor allem weil es der einzige Bericht über den Stern ist. Nirgendwo sonst auf der Welt scheint auch nur ein einziger anderer Mensch Zeuge dieser außergewöhnlichen Erscheinung geworden zu sein. Trotzdem hat man sich im Laufe der Jahrhunderte erstaunlich intensiv darum bemüht, dem Phänomen auch wissenschaftlich auf den Grund zu gehen. Sehr oft wird der Stern nicht als Stern, sondern als Komet mit langem Schweif dargestellt. Dieses Bild geht auf den italienischen Maler Giotto di Bondone zurück, der den Stern auf einem seiner Werke im 14. Jahrhundert genau so dargestellt hat. Dazu hat ihn vermutlich ein realer Komet inspiriert: Der Halleysche Komet, der alle 76 Jahre an der Erde vorbeifliegt, hatte auch zu Bondones Zeiten einen großen Auftritt und war mit bloßem Auge zu erkennen. Zur Zeit von Christi Geburt befand er sich jedoch nicht in der Nähe der Erde, und nach heutigem Kenntnisstand gab es auch keinen anderen Kometen, der unseren Planeten zur fraglichen Zeit passierte.

Johannes Kepler hielt den Stern von Bethlehem für eine Supernova, also einen Stern, der sein Leben mit einer großen Explosion beendete, nachdem ihm der Brennstoff für die Kernfusion in seinem Innern ausgegangen war. Passiert das nah genug an der Erde, kann man am Himmel tatsächlich für einige Zeit einen »neuen Stern« sehen. Diese Erklärung passt zwar prinzipiell zum Bericht aus der Bibel. Aber auch eine Supernova hinterlässt Spuren, die man heute noch beobachten könnte. Man hat jedoch nirgendwo die Reste einer Sternenexplosion gefunden, die zu einer Supernova zur Zeitenwende passen würden.

Sehr populär ist auch eine Theorie, die den Stern von Bethlehem kurzerhand zu einer Konjunktion der Planeten Jupiter und Saturn erklärt. So bezeichnet man in der Astronomie das Phänomen, dass zwei Himmelskörper sehr nahe nebeneinander zu sehen sind. Diese Hypothese hat der Wiener Astronom Konradin Ferrari d'Occhieppo aufgestellt und sie überraschenderweise astrologisch erklärt: Jupiter und Saturn seien die astrologischen Symbole für das jüdische Volk und das Sternbild der Fische stehe für Palästina. Wenn sich also Jupiter und Saturn in den Fischen treffen, was ungefähr zur Zeit von Christi Geburt tatsächlich der Fall war, dann könnte man das als Zeichen für die Geburt des Königs der Juden in Palästina interpretieren.

Oder eben auch nicht. Denn Astrologie ist keine Wissenschaft, und nach ihren Maßstäben kann man alles Mögliche in die Himmelskörper hineinlesen. Außerdem ist auch bei einer sehr engen Konjunktion immer noch deutlich erkennbar, dass es sich um zwei Planeten handelt und nicht um einen Stern, wie in der Bibel beschrieben. Vor allem die Sterndeuter hätten diesen Unterschied mit Sicherheit erkannt.

Das eigentliche Problem bei all den Versuchen, die Natur des Sterns von Bethlehem zu erklären, ist aber die Annahme, es hätte ihn wirklich gegeben. Die Bibel ist kein Tatsachenbericht und schon gar keine wissenschaftliche Publikation. Sie folgt allerdings gewissen Erzählstrukturen, Motiven und Themen, die zur Zeit ihrer Entstehung üblich waren. Und laut der vermutlich plausibelsten Theorie, die sich auch auf geschichts- und literaturwissenschaftliche Erkenntnisse stützt, ist der Stern von Bethlehem tatsächlich nur erfunden: Er war ein kosmisches »Statussymbol«, mit dem Matthäus die Bedeutung der Geburt Jesu betonen konnte.

Solche Motive und erzählerischen Verfahren waren auch in der römischen Geschichtsschreibung dieser Zeit nicht ungewöhnlich. Auch der berühmte Julius Cäsar, der nur ein paar Jahrzehnte vor Christi Geburt starb, soll laut dem römischen Historiker Sueton »seinen eigenen Stern« gehabt haben – einen hell leuchtenden Himmelskörper, der nach seinem Tod am Himmel stand und allgemein als Zeichen seiner Apotheose und nun göttlichen Natur gelesen wurde. Und wenn Cäsar seinen eigenen Stern hatte, könnte sich Matthäus gedacht haben, dann braucht Jesus unbedingt auch einen.

(51)

Arktur

Ein Regenbogen als Tachometer

Arktur im Sternbild des Bärenhüters ist ein Riesenstern, 25-mal größer und 200-mal heller als unsere Sonne. Trotzdem ist seine Masse sehr gering und kaum größer als die unseres Sterns. Das liegt daran, dass Arktur sich schon dem Ende seines Lebens nähert. Der ursprünglich eher kleine Stern hat sich extrem aufgebläht und ist zu einem Roten Riesen geworden. Sein rotes Leuchten ist auch ohne Teleskop gut zu sehen, im Frühling bildet er gemeinsam mit den beiden anderen hellen Sternen Spica im Sternbild Jungfrau und Regulus im Sternbild Löwe das markante Frühlingsdreieck am Himmel.

Was Arktur ebenfalls auszeichnet ist seine Geschwindigkeit. Er bewegt sich so schnell wie kaum ein anderer heller Stern; in Bezug auf unser Sonnensystem sind es enorme 122 Kilometer pro Sekunde. Wir müssen aber keine Angst haben, dass er demnächst mit uns zusammenstößt. Denn seine »Radialgeschwindigkeit« beträgt nur wenig mehr als 5 Kilometer pro Sekunde.

In der Astronomie ist es oft sinnvoll, die Geschwindigkeit eines Himmelskörpers in unterschiedliche Anteile aufzuspalten und nur den Anteil zu betrachten, mit dem sich ein Objekt direkt auf uns zubewegt: die Radialgeschwindigkeit. Arktur saust zwar mit 122 Kilometern pro Sekunde durchs All. Von uns aus gesehen erfolgt diese Bewegung aber eher »seitlich«, der Stern fliegt also quasi schräg an uns vorbei. Sein Abstand zur Erde verringert sich daher momentan pro Sekunde nur um 5 Kilometer, und in knapp 4000 Jahren entfernt er sich wieder von uns.

Die Radialgeschwindigkeit eines Sterns ist unter anderem deswegen so wichtig für die Astronomie, weil sie sich direkt aus der Untersuchung seines Lichts bestimmen lässt. Man kann das Sternenlicht mit speziellen optischen Instrumenten in seine Bestandteile, also die unterschiedlichen Farben aufspalten. So einen künstlichen Regenbogen nennt man »Spektrum«, und darin findet man normalerweise sogenannte »Spektrallinien«. Sie entstehen, wenn die Atome des Gases, aus dem der Stern besteht, einen Teil seines Lichts blockieren. Jedes chemische Element erzeugt dabei ein ganz charakteristisches Muster von Linien, die sich an exakt vorherberechenbaren Stellen des Regenbogens befinden.

Das tun sie aber nur, wenn sich der Stern in Bezug auf uns nicht bewegt. Entfernt er sich von uns oder kommt er auf uns zu, dann passiert das, was auch mit dem Signalton eines Einsatzfahrzeuges passiert, wenn es an uns vorbeifährt. Die Tonhöhe ändert sich, je nachdem, ob es auf uns zukommt oder sich von uns entfernt. Beim Stern ist es ebenso, nur dass es hier nicht um Schallwellen geht, sondern um Licht – anstatt der Tonhöhe ändert sich die Frequenz des Lichts, also die Farbe.

Das Licht einer Quelle, die sich uns nähert, ist in Richtung des blauen Endes des Regenbogens verschoben; entfernt sich die Lichtquelle, verschiebt sich alles zum roten Ende hin. Dadurch landen auch die Spektrallinien an unterschiedlichen Stellen, und aus dieser Verschiebung kann die Radialgeschwindigkeit berechnet werden.

Dieser Effekt ist ganz besonders dann interessant, wenn der Stern sich nicht nur einfach bewegt, sondern »wackelt«. Und dafür können unter anderem Planeten verantwortlich sein: Während zum Beispiel unsere Erde in einem Jahr um die Sonne kreist, sorgt die Gravitationskraft unseres Planeten dafür, dass sich auch die Sonne ein bisschen bewegt. Sie beschreibt einen kleinen Kreis, und aus der Entfernung betrachtet sieht das so aus, als würde sie sich ein halbes Jahr lang ein bisschen auf einen Beobachter zubewegen und sich dann wieder entfernen.

Die Verschiebung der Spektrallinien ist in einem solchen Fall also periodisch; mal in Richtung Rot und mal zum Blauen hin. Aus der Periode der Verschiebung kann man berechnen, wie schwer der Planet ist, der sie verursacht, und wie lange er für eine Runde um seinen Stern braucht. Genau mit dieser Methode hat man den ersten Planeten eines fremden Sterns entdeckt – und seitdem Hunderte andere solcher extrasolarer Planeten. Um einen Planeten wie die Erde entdecken zu können, muss man allerdings wirklich extrem genau messen. Die von unserem Planeten verursachte periodische Veränderung in der Radialgeschwindigkeit der Sonne liegt bei 9 Zentimetern pro Sekunde, also deutlich langsamer als ein Mensch, der behäbig durch die Gegend schlendert. Manchmal gehen es eben auch die Sterne gemütlich an.

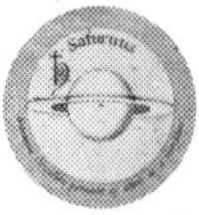

52

Gamma Draconis

Und sie bewegt sich doch!

»Und sie bewegt sich doch!«, soll Galileo Galilei trotzig gemurmelt haben, als er 1632 von der Inquisition gezwungen wurde, der Vorstellung von einer Erde abzuschwören, die sich um die Sonne herum bewegt. Das allerdings ist nur eine Legende und genauso falsch wie das damals von der Kirche favorisierte geozentrische Weltbild mit einer unbewegten Erde im Mittelpunkt des Universums.

Im 17. Jahrhundert setzte sich die Vorstellung einer um die Sonne kreisenden Erde immer weiter durch, und im 18. Jahrhundert zweifelte kaum noch jemand ernsthaft daran. Einen direkten Beweis für die Bewegung der Erde um die Sonne gab es allerdings immer noch nicht. Den lieferte erst 1725 der Stern Gamma Draconis, und das ein wenig überraschend.

Gamma Draconis ist ein heller Stern, der gut sichtbar in der Nähe des Himmelsnordpols leuchtet und zum Sternbild des Drachen gehört. Der britische Astronom James Bradley hatte ihn zur Beobachtung ausgewählt, weil er dessen Parallaxe messen wollte – die scheinbare Verschiebung seiner Position, die am Himmel entsteht, weil sich die Erde im Laufe eines Jahres um die Sonne bewegt und wir deswegen zu unterschiedlichen Zeiten aus unterschiedlichen Richtungen zu den Sternen schauen. Aus dieser Parallaxe lässt sich die Entfernung eines Sterns von der Erde berechnen, was bis dahin noch niemandem gelungen war. Bradley wollte der Erste sein, und tatsächlich konnte er im Verlauf des Jahres bei seinen nächtlichen Beobachtungen eine Bewegung von Gamma Draconis nachweisen.

Es war aber nicht die Art von Bewegung, die Bradley eigentlich sehen wollte. Denn der Stern bewegte sich in die falsche Richtung. Er beschrieb im Laufe eines Jahres eine kleine Ellipse am Himmel, und Bradley hatte keine Ahnung, warum Gamma Draconis das tat. Zuerst dachte er, die Erde würde einfach ein bisschen wackeln, vielleicht aufgrund der Gravitationskraft, die der Mond auf sie ausübt. Dann müsste aber ein Stern, der genau auf der Gamma Draconis gegenüberliegenden Seite des Himmels zu sehen ist, eine exakt spiegelbildliche Bewegung erkennen lassen. Was, wie eine Überprüfung zeigte, leider nicht der Fall war.

Bis Bradley die passende Idee hatte, um das überraschende Phänomen zu erklären, dauerte es ein wenig. Dann aber fielen ihm zwei Dinge ein. Erstens bewegt sich das Licht nicht unendlich schnell. Es braucht Zeit, um von einem Ort zum anderen zu gelangen, selbst wenn es sich bei diesen beiden Orten nur um das obere und das untere Ende eines Teleskops handelt. Und zweitens bewegt sich die Erde um die Sonne. Das tut sie auch, während der vom Stern ausgesandte Lichtstrahl gerade dabei ist, sich vom einen Ende des Teleskops zum anderen zu bewegen. Wenn sich die Erde dabei gerade exakt in die Richtung bewegt, aus der das Licht des Sterns kommt, passiert nichts. Bewegt sich die Erde aber in eine andere Richtung, dann bewegt sich auch das Teleskop, und der Lichtstrahl kommt am unteren Ende des Teleskops ein klein wenig versetzt an. Dieser Effekt ist umso größer, je größer der Winkel zwischen dem Lichtstrahl des Sterns und der Bewegungsrichtung der Erde ist. Der ändert sich aber aufgrund der Bewegung der Erde um die Sonne im Laufe eines Jahres ständig, und für einen Beobachter wie Bradley sieht das dann so aus, als würde das Licht des Sterns zu unterschiedlichen Zeiten aus unterschiedlichen Richtungen ins Teleskop fallen.

Der Effekt, den Bradley nun endlich erklären konnte, wird »Aberration« genannt. Und es war das erste Mal, dass man die Bewegung der Erde um die Sonne direkt und zweifelsfrei durch eine Beobachtung des Himmels nachweisen konnte. Es wäre schön, sich vorzustellen, dass Bradley angesichts dieser Erkenntnis »Und sie bewegt sich doch!« ausgerufen hat. Aber genau wie Galilei hat auch er das nicht getan.

53

Merak

Großer Wagen im Bärenhaufen

Merak ist einer der sechs hellen Sterne des Großen Wagens. Diese Konstellation kann fast jeder am Himmel identifizieren, und viele denken, sie hätten dabei ein Sternbild gesehen. Der Große Wagen ist aber kein Sternbild, sondern ein sogenannter »Asterismus«, also eine markante Gruppe von Sternen, denen die Menschen unabhängig von den offiziellen Sternbildern eine gewisse Bedeutung zugeschrieben haben.

Seit die Menschen zum ersten Mal bewusst zum Himmel geblickt und die Sterne wahrgenommen haben, haben sie diese Sterne auch zu Bildern gruppiert und mit ihren Mythen verwoben. Die Geschichten konnten sich je nach Zeit und Weltgegend unterscheiden, und auch die Sterne, die im Zentrum der Erzählungen standen, waren nicht immer die gleichen.

»Offizielle« und für die ganze Welt verbindliche Sternbilder gibt es erst, seit die Internationale Astronomische Union 1928 den Himmel in 88 klar abgegrenzte Regionen eingeteilt hat, die wir heute als Sternbilder bezeichnen.

Merak und die sechs anderen Sterne des Großen Wagens sind so im Sternbild Großer Bär gelandet, aber selbst kein eigenes Sternbild. So wie etwa auch die markante Sternengruppe der Plejaden: ein Asterismus, der heute Teil des Sternbilds Stier ist. Manche Asterismen sprengen auch die Grenzen der Sternbilder: Deneb im Schwan, Wega in der Leier und Altair im Adler bilden das bekannte »Sommerdreieck«, das man – dem Namen folgend wenig überraschend – auf der Nordhalbkugel der Erde vor allem im Sommer sehr gut sehen kann.

Kreative Menschen können aber noch viel mehr sehen. Im Sternbild Schütze zum Beispiel eine Teekanne; im Sternbild Fuchs einen Kleiderbügel (allerdings nur mithilfe eines Teleskops oder Fernglases); »Kembles Kaskade«, eine Linie von 20 Sternen im Sternbild Giraffe, oder eine Fliege im Sternbild Widder. Und wer seiner Fantasie freien Lauf lässt, findet am Himmel sicherlich noch viel mehr Bilder.

Merak selbst ist in gewisser Weise sogar Teil eines weiteren Asterismus. Zusammen mit Dubhe bildet er den vorderen Teil des Großen Wagens, und diese beiden Sterne werden manchmal auch die »Zeiger« genannt. Denn verlängert man die von ihnen gebildete Linie am Himmel um das circa Fünffache, dann landet man direkt beim Polarstern, der die Nordrichtung anzeigt.

Aber auch aus astronomischer Sicht hat Merak einiges zu bieten. Es handelt sich um einen großen, heißen Riesenstern mit der doppelten Masse und dreifachen Größe der Sonne. Er ist fast 5000 Grad heißer als sie und leuchtet mehr als 70-mal heller. Zusammen mit fast allen anderen hellen Sternen im Großen Wagen und Großen Bären gehört er zur sogenannten »Bärengruppe«.

Dabei handelt es sich um einen »Bewegungshaufen«, also eine Gruppe von Sternen, die sich von uns aus gesehen alle in die gleiche Richtung bewegen. Das liegt daran, dass sie tatsächlich auch eine gemeinsame Herkunft haben. Vor ungefähr 300 Millionen Jahren sind sie aus einer riesigen Gaswolke entstanden. Dieser Sternhaufen löste sich bei seiner Bewegung durch die Milchstraße langsam auf. Die Sterne bewegen sich zwar immer noch grob in dieselbe Richtung wie damals, aber manche davon ein wenig schneller und andere ein wenig langsamer. Und wenn die Sterne der Bärengruppe uns nicht als Teil einer Gruppe, sondern am Himmel weit auseinander zu liegen scheinen, dann liegt das an ihrem (vergleichsweise immer noch recht geringen) Abstand: Das Zentrum des Haufens ist derzeit etwa 80 Lichtjahre von uns entfernt und Merak selbst mit 79 Lichtjahren Distanz sogar noch ein bisschen näher.

Aber bis sich der Bärenhaufen so weit aufgelöst hat, dass der Große Wagen für uns nicht mehr erkennbar ist und auch Merak gemeinsam mit Dubhe nicht mehr als Wegweiser nach Norden dienen kann, wird noch viel Zeit vergehen. Wenn in dieser fernen Zukunft immer noch Menschen zum Himmel blicken, werden sie mit Sicherheit neue Bilder erkennen, die sie zu immer neuen Geschichten inspirieren.

54

GS0416200054

Kreative Formen der Erkenntnis

100 Stunden lang hat das Hubble-Weltraumteleskop eine ganz bestimmte Stelle am Himmel beobachtet. Einen winzigen Fleck im Sternbild des Großen Bären, an dem es nach allem, was man damals wusste, überhaupt gar nichts gab. Hinter der Aktion steckte Absicht. Denn wirklich »gar nichts« gibt es im Universum nirgends. Und wer kreativ genug ist, findet vielleicht gerade dort neue Erkenntnisse, wo auf den ersten Blick nichts zu sehen ist.

Die Idee für die ausführliche Betrachtung des Nichts hatte der amerikanische Astronom Robert Williams. Er war damals, im Jahr 1995, der Direktor des Space Telescope Science Institute, der Einrichtung, die für die Verwaltung des Hubble-Weltraumteleskops zuständig war. Das war, wissenschaftlich gesehen, sein Glück, denn die Beobachtungszeit mit Hubble ist begrenzt, und nicht alle, die wollen, können es auch benutzen, um den Himmel zu erforschen. Man muss einen Antrag stellen, und nur die besten Projekte schaffen es, die Gutachter zu überzeugen und sich einen Blick durch das Teleskop zu sichern.

100 Stunden lang ins Nichts zu schauen ist ein Vorhaben, das bei der knapp bemessenen Beobachtungszeit normalerweise keine Chance auf Genehmigung hätte. Aber weil Williams der Direktor war, stand ihm ein Kontingent an Beobachtungszeit zu, mit dem er machen konnte, was er wollte. Und Williams wollte wissen, wie Galaxien entstehen und sich entwickeln. Dazu musste er möglichst weit hinaus ins All schauen,

denn je weiter weg ein Objekt ist, desto länger braucht das Licht von dort bis zu uns – und desto weiter können wir auch in die Vergangenheit des Universums blicken. Dorthin, wo man Galaxien sehen kann, als sie noch jung waren.

Das geht aber nur, wenn dem Licht der fernen Galaxien nichts im Weg steht und es nicht von anderen Sternen in der Nähe überstrahlt wird. Also dort, wo der Himmel absolut leer ist. Oder leer erscheint. Denn, so Williams, Galaxien muss es überall im Universum geben. Solange man freie Sicht hat und die Beobachtung durch nichts gestört ist, müsste auch ein vermeintlich leerer Bereich des Himmels bei genauer Betrachtung vor Galaxien wimmeln.

Und genauso war es auch. Am Ende seiner Beobachtungskampagne hatte Williams in dem winzigen Himmelsabschnitt mehr als 3000 Galaxien fotografiert. Das galaktische Panorama wurde unter dem Namen »Hubble Deep Field« berühmt, und bis heute hat man darüber mehr als 500 Fachartikel verfasst. Der scheinbar leere Himmel hat sich so als Quell des Wissens über das junge Universum erwiesen.

Ein paar Jahre später hatten Konstanze Zwintz von der Universitätssternwarte Wien und ihre Kollegen eine weitere kreative Idee, wie man ohne genehmigte Beobachtungszeit am Hubble-Teleskop dennoch zu neuen Erkenntnissen kommen könnte. Zwintz war an speziellen Helligkeitsschwankungen von Sternen interessiert, und die lassen sich mit einem Weltraumteleskop besonders gut und genau messen. Vor allem dann, wenn ein Stern eine lange Zeit beobachtet werden kann. Was aber tun, wenn man keine Genehmigung bekommt, das Teleskop dafür zu benutzen? Dann verwendet man die Sterne, die Hubble sowieso beobachten muss.

Um die Bilder für das »Hubble Deep Field« aufnehmen zu

können, muss das Teleskop so exakt wie nur möglich ausgerichtet werden. Dabei orientiert es sich an sogenannten »Guide Stars«, also den immer gleichen Sternen mit bekannter Position. Einer davon trägt die Bezeichnung GS0416200054, und während der 10-tägigen Beobachtung des Hubble Deep Fields hatten die Sensoren zur Teleskopausrichtung ihn (und andere Sterne) fast ständig im Blick. Die bei der Ausrichtung des Teleskops aufgezeichneten Daten über die Guide Stars waren frei verfügbar, und Zwintz und ihre Kollegen nutzten sie, um darin nach Helligkeitsschwankungen zu suchen.

In diesem Fall blieb der kreative Versuch leider ohne Erfolg. Aber das Team um Konstanze Zwintz konnte immerhin demonstrieren, dass die Methode prinzipiell geeignet ist, Forschung dieser Art durchzuführen, und dass man bei der Auswahl zukünftiger Guide Stars effizienter vorgehen könnte, indem man Exemplare wählt, die das Teleskop nicht nur richtig ausrichten, sondern auch selbst neue astronomische Erkenntnisse versprechen. Beim Versuch, den Sternen möglichst viele Informationen über das Universum zu entlocken, kennt die Kreativität der Forscherinnen und Forscher keine Grenzen.

(55)

PSR B1919+21

Völlig dicht und total am Ende

Materie will gerne bei anderer Materie sein. So sehr, dass es unter Umständen kaum noch möglich ist, sie daran zu hindern. Die Gravitation ist eine Kraft, die nur eine Richtung kennt; sie wirkt immer anziehend. Versammelt man also genug Materie auf einem Fleck, fällt sie unter ihrem eigenen Gewicht immer stärker in sich zusammen. Und was dann passiert, hängt von den Kräften ab, die diesem Kollaps entgegenwirken können.

In einem normalen Stern ist das die Kraft der Strahlung. Die Materie ist hier so dicht komprimiert und so heiß, dass die Kernfusion einsetzen und Strahlung freisetzen kann. Die drückt von innen gegen die Materie des Sterns und verhindert, dass er weiter kollabiert. Ist die Kernfusion aber irgendwann zu Ende, übernimmt wieder die Gravitation. Sie presst die Atome der Materie immer weiter zusammen, und wie stark sie das tun kann, hängt von der Masse des Sterns ab. Bei einem vergleichsweise kleinen Stern wie unserer Sonne endet der Kollaps, wenn die Atome quasi dicht an dicht stehen. Die Quantenmechanik besagt, dass zwei Elektronen sich nicht zur gleichen Zeit am gleichen Ort aufhalten können. Es sind nun aber genau solche Elektronen, die die Hülle der Atome bilden. Der Versuch der Gravitation eines kollabierenden Sterns, die Atome noch näher zusammenzudrücken, führt dazu, dass sich die Elektronen immer schneller hin und her bewegen. Dieser sogenannte »Entartungsdruck« reicht aus, um den Kollaps aufzuhalten, und das Objekt, das dann entsteht, wird »Weißer Zwerg« genannt.

Ist der ursprüngliche Stern jedoch viel massereicher als unsere Sonne, dann hilft ihm auch der Entartungsdruck nicht mehr. Die Gravitation ist stark genug, ihn zu überkommen. Die Elektronen der Atomhülle werden, vereinfacht gesagt, durch die Gravitation in den Atomkern gequetscht. Oder etwas exakter formuliert: Die negativ geladenen Elektronen können mit den positiv geladenen Protonen, die sich im Kern eines Atoms befinden, in Wechselwirkung treten. Dabei entsteht aus ihnen ein elektrisch neutrales Neutron (ebenfalls ein Baustein von Atomkernen), und es werden Neutrinos freigesetzt – extrem leichte Elementarteilchen, die normalerweise so gut wie nie mit anderer Materie wechselwirken.

Durch die Umwandlung von kompletten Atomen in Neutronen wird der Kern des Sterns nun zum einen sehr viel dichter als zuvor. Und zum anderen drängen nun unzählige Neutrinos mit enormem Tempo aus dem Stern nach außen. Diese hochenergetischen Teilchen enthalten einen großen Teil der Energie, die bei den nuklearen Reaktionen freigesetzt wurde, die sie nun sehr schnell nach außen befördern. Der Stern kollabiert, die äußeren Schichten prallen auf den dichten Kern, und es entsteht eine Stoßwelle, die sich von innen nach außen ausbreitet und dabei die äußeren Schichten des Sterns mit sich reißt. Das Ergebnis ist eine gewaltige Explosion, die man »Supernova« nennt – und die nichts übrig lässt außer dem sehr dichten und nun nur noch aus Neutronen bestehenden Kern des Sterns.

Diese »Neutronensterne« sind nur noch ungefähr so groß wie eine Stadt wie München, haben dabei aber trotzdem noch eine Masse, die größer ist als die der Sonne. Würde man 900 Große Pyramiden von Gizeh in einen einzigen Teelöffel pressen, dann würde das ziemlich genau der Dichte des Materials entsprechen, aus der ein Neutronenstern besteht.

Neutronensterne müssen überall entstehen, wo große Sterne ihr Leben beenden. Direkt beobachten kann man sie wegen ihrer geringen Größe aber trotzdem kaum. Indirekt jedoch schon: Durch ihre enorme Verdichtung wird auch das ursprünglich schwache Magnetfeld des Sterns sehr viel dichter und stärker. Außerdem erhöht sich die Rotationsgeschwindigkeit gewaltig, genauso, wie sich ja auch ein Eiskunstläufer schneller dreht, wenn er die Arme dicht an den Körper zieht. Der Neutronenstern kann sich pro Sekunde mehr als tausendmal um seine Achse drehen. Sein starkes Magnetfeld kann dabei Teilchen aus der von der Supernova-Explosion übrig gebliebenen Gaswolke in der Umgebung an sich reißen und mit hoher Geschwindigkeit hinaus ins All schleudern. Dabei geben die Teilchen Strahlung ab; kein Licht, aber langwellige Radiosignale, und die orientieren sich an der Ausrichtung des Magnetfeldes.

Wie ein Leuchtturm schickt so ein Neutronenstern, der in diesem Fall »Pulsar« genannt wird, also bei jeder Umdrehung um seine Achse Radiostrahlung ins All. Wird die Erde vom »Lichtkegel« dieser Strahlung gestreift, können wir die Signale empfangen. Ein Pulsar sieht für uns wie ein kosmischer Peilsender aus, der in exakt periodischen Abständen starke Radiopulse von sich gibt.

Dieses Phänomen wurde im Jahr 1967 von der britischen Astronomin Jocelyn Bell das erste Mal beobachtet. Bei ihrer Arbeit mit einem Radioteleskop entdeckte sie eine Strahlungsquelle, der sie die Bezeichnung PSR B1919+21 gab. Der inoffizielle Spitzname dafür lautete »LGM-1«, was für »Little Green Men« stand, also »kleine grüne Männchen«. Denn diese regelmäßig sendende Strahlungsquelle kam der Fachwelt so seltsam vor, dass man für kurze Zeit tatsächlich die Möglichkeit in Betracht zog, hier die Signale einer außerirdischen Zivilisation zu empfangen. Aber es hat nicht lang gedauert, bis man die korrekte Erklärung fand. Die war überraschenderweise fast noch seltsamer als die Alien-Hypothese: Denn offenbar gibt es da draußen im Universum tote Sterne, die Radiosignale durch den Kosmos schicken.

56

Canopus

Skalensprengende Helligkeit

Canopus leuchtet so hell am Nachthimmel wie kaum ein anderer Stern. Man findet ihn im Sternbild »Kiel des Schiffes«, muss dafür allerdings weit in den Süden reisen. Von Mitteleuropa aus ist er trotz seiner Helligkeit nicht zu sehen. Er ist einer von nur vier Sternen (neben Sirius, Arcturus und Alpha Centauri), deren »Größenklasse« negativ ist – so bezeichnet man in der Astronomie die Helligkeit eines Sterns. Die Tatsache, dass dieser Wert bei Canopus kleiner als null ist, zeigt die lange Tradition dieser Wissenschaft. Und ihre Vorliebe für seltsame Einheiten.

Die Einteilung der Sterne am Himmel anhand der wahrnehmbaren Helligkeit geht auf die Gelehrten im antiken Babylon zurück. Die hellsten Sterne teilte man der ersten »Größenklasse« zu, die gerade noch sichtbaren der sechsten Größenklasse und den Rest in die vier Klassen dazwischen.

Die den Himmelskörpern zugeordneten Größen oder »Magnituden« wurden später von griechischen Forschern wie Hipparch übernommen, der dieses System im 2. Jahrhundert vor Christus für seinen Sternenkatalog nutzte. Die Größenklassen der Sterne wurden über die Jahrhunderte weitergereicht, aber erst der englische Astronom Norman Pogson machte sich 1850 die Mühe, eine exakte Definition zu formulieren.

Er berücksichtigte dabei das sogenannte »Weber-Fechner-Gesetz«, das die Verarbeitung von Sinneswahrnehmungen beschreibt. Die subjektiv empfundene Stärke eines Eindrucks ist dabei proportional zum Logarithmus der Intensität des Reizes, der ihn auslöst. Oder anders gesagt: Wenn uns von einem Stern doppelt so viel Licht erreicht wie von einem anderen, dann erscheint uns dieser Stern deswegen nicht auch doppelt so hell. Im System der Magnituden entspricht jede Größenklasse einem etwa 2,5-fachen Helligkeitsanstieg im Vergleich zur Klasse davor. Pogson legte also fest, dass ein Stern der ersten Größenklasse genau hundertmal so hell ist wie ein Stern der sechsten Größenklasse. Als Referenzpunkt seiner Skala definierte er die Helligkeit des Polarsterns mit 2,1 Magnituden.

Später fand man dann aber heraus, dass sich dessen Helligkeit im Laufe der Zeit leicht verändert, und nutzte andere Sterne, um die Größenklassen zu definieren. Deswegen sind die hellsten Sterne am Himmel heute aus dem oberen Ende der Skala gerutscht und haben negative Magnituden. Canopus leuchtet seitdem mit einer Helligkeit von –0,62 Größenklassen. Noch heller sind nur noch Sirius und einige der Planeten, die wir in der Nacht beobachten können. Der Mars kann bis zu –2,91 Magnituden hell werden; die Venus erreicht

–4,6. Noch heller sind dann nur noch der Mond und die Sonne, die es auf –26,73 Magnituden bringt.

Dass man in der Astronomie die hellsten Objekte mit negativen Zahlen beschreibt, ist ein wenig gewöhnungsbedürftig. Je kleiner die Magnitude, desto heller leuchtet ein Himmelskörper. Und die Skala selbst ist nicht linear, sondern logarithmisch. Natürlich hätte man das alles auch anders definieren können. Aber so hat man es in Babylon gemacht, so hat man es im antiken Griechenland gemacht, und so machen wir es heute noch. Die Astronomie ist die älteste Wissenschaft der Welt, und manchmal muss man sich der Tradition wohl beugen …

57

Eta Carinae

Ein Loch im Kiel des Schiffes

Die Sterne, die wir nachts am Himmel sehen können, sind in Wirklichkeit gar nicht mehr da, wo wir sie beobachten, und viele davon sind sogar schon längst verschwunden. Diese erstaunliche Aussage kann man immer wieder mal hören. So faszinierend sie sein mag, so falsch ist sie auch. Obwohl es im Prinzip natürlich stimmt, dass ein Blick hinaus ins Universum immer auch ein Blick in die Vergangenheit ist. Das Licht ist mit einer Geschwindigkeit von 299 792,458 Kilometern pro Sekunde zwar enorm schnell; die Distanzen zwischen den Sternen sind aber noch viel größer. Das Licht der Sterne braucht Jahrzehnte bis Jahrtausende, bis es bei uns angelangt ist. Wir sehen die Sterne also so, wie sie waren, als das Licht sich von dort auf den Weg zu uns gemacht hat. Und bei der Beobachtung ferner Galaxien können wir sogar Milliarden Jahre in die Vergangenheit blicken.

Was die mit bloßem Auge sichtbaren Sterne angeht, stellt sich die Lage aber nicht ganz so dramatisch dar. Dabei handelt es sich um Sterne innerhalb unserer eigenen Milchstraßengalaxie, die höchstens ein paar Tausend Lichtjahre weit weg sind. Ihr Licht ist also auch »nur« ein paar Tausend Jahre bis zu uns unterwegs gewesen. Verglichen mit der typischen Lebensdauer eines Sterns von einigen Milliarden Jahren ist das ein verschwindend geringer Zeitraum.

Auch die Bewegung der Sterne durch die Milchstraße findet zwar statt, aufgrund der enormen Entfernungen merken wir davon aber wenig. Wir können sie mit sehr genauen Messinstrumenten registrieren, an den mit bloßem Auge sichtbaren Positionen ändert das aber nichts; da müsste man schon ein paar Jahrzehnte oder Jahrhunderte lang immer wieder sehr genau hinsehen.

Die Sterne, die wir sehen können, sind also genau da, wo wir sie sehen, und sie existieren mit an Sicherheit grenzender Wahrscheinlichkeit auch alle noch. Aber selbstverständlich nicht für immer. Jeder Stern beendet irgendwann sein Leben und hört auf zu leuchten, wenn in seinem Inneren der Brennstoff für die Kernfusion zu Ende geht. Aus Beobachtungsdaten können wir jedoch einigermaßen genau abschätzen, wie viel Lebenszeit ein Stern noch vor sich hat. Und es gibt nur ganz wenige Sterne in unserer Umgebung, deren Leben sich in absehbarer Zukunft dem Ende zuneigen könnte.

Eta Carinae ist einer davon – ein gewaltiges Ding von einem Stern, das sich im Sternbild mit dem schönen Namen

»Kiel des Schiffes« (Carina) befindet. Er hat die 100- bis 200-fache Masse der Sonne, gehört also zu den massereichsten Sternen, die überhaupt existieren können. Ein derart großer Stern hat auch eine entsprechend hohe Temperatur und leuchtet hell: Die Leuchtkraft von Eta Carinae übersteigt die der Sonne um das Fünfmillionenfache; und je heißer ein Stern brennt, desto kürzer ist seine Lebensdauer. Eta Carinae ist noch keine 3 Millionen Jahre alt und hat doch schon einen großen Teil seines Brennstoffs verbraucht.

Dass er sich dem Ende seines Lebens nähert, zeigt auch sein Verhalten. Immer wieder kommt es zu großen Explosionen, die Teile seiner äußeren Schichten hinaus ins All schleudern. Bei einem solchen Ausbruch wurde er in der Mitte des 19. Jahrhunderts sogar für einige Zeit der zweithellste Stern des Nachthimmels. Dann verdunkelte er sich wieder und war zu Beginn des 20. Jahrhunderts mit bloßem Auge gar nicht mehr zu sehen. Mittlerweile ist seine Helligkeit wieder gestiegen, und bis zum nächsten großen Ausbruch ist es nur eine Frage der Zeit. Bald wird er komplett explodieren und vom Himmel verschwinden.

Wenn der Kiel des Schiffes sein stellares Loch bekommt, werden wir aber vermutlich trotzdem nicht dabei zusehen können. »Bald« ist hier aus astronomischer Sicht zu verstehen. Ein paar Zehn- oder Hunderttausend Jahre dauert es mindestens noch, vielleicht auch ein wenig länger.

58

Alphekka

Farbloser Nullpunkt in der himmlischen Krone

Alphekka ist der hellste Stern im Sternbild mit dem schönen Namen »Corona Borealis«, die »nördliche Krone«. Deswegen wird er oft auch als »Gemma«, das »Juwel« bezeichnet. Ein bunt funkelnder Edelstein ist Alphekka aber dennoch nicht. Es handelt sich um einen weiß leuchtenden Stern, 75 Lichtjahre von der Sonne entfernt. Und in gewissem Sinne ist er sogar hochoffiziell komplett farblos.

Alphekka war einer der Sterne, die von den amerikanischen Astronomen Harold Johnson und William Morgan in den 1950er-Jahren als Nullpunkt des sogenannten »UBV-Systems« benutzt wurden. Dabei handelt es sich um ein fotometrisches System zur Helligkeitsbestimmung von Sternen.

Die meiste Zeit über hat man in der Astronomie die eigenen Augen benutzt, um den Himmel zu beobachten. Daran hat auch die Erfindung der Teleskope nichts geändert; man sah jetzt zwar deutlich mehr und besser als zuvor, aber das Licht aus dem Himmel fiel am Ende immer noch auf die menschlichen Augen. Erst als im 19. Jahrhundert langsam die Fotografie in der Astronomie eine immer größere Rolle spielte, wurde es ein wenig kompliziert mit der Bestimmung der Helligkeit.

Denn die hängt auch von der Farbe des Lichts ab, das beobachtet wird. Mit unseren Augen sehen wir immer eine Mischung aus allen sichtbaren Farben, und es gibt keine Unklarheiten darüber, welche Helligkeit gemeint ist. Eine fotografische Platte aber ist je nach Farbe des Lichts unterschiedlich empfindlich. Die Helligkeit eines dort abgebildeten Sterns kann sich von der mit unseren Augen wahrgenommenen Helligkeit unterscheiden. Man muss daher immer ganz exakt angeben, auf das Licht welcher Farbe man sich bezieht, und darf dann nur Licht genau dieser Farbe auf die Platte fallen lassen. Dazu dient ein fotometrisches System: Man definiert exakte Lichtwellenlängen und vergleicht die Helligkeiten von Sternen nur in diesem Bereich.

Beim UBV-System betrachtet man ultraviolettes Licht mit einer Wellenlänge von 364 Nanometern (U), blaues Licht bei 442 Nanometern (B) und gelbes Licht bei 540 Nanometern (V), wobei das »V« in diesem Fall für »visuell« steht, weil unsere Augen in diesem Bereich am besten sehen können.

Ein typischer Stern hat in jedem dieser drei Wellenlängenbereiche eine unterschiedliche Helligkeit, und das kann man nutzen, um sogenannte »Farbindizes« zu bilden. Leuchtet ein Stern im B-Filter stärker als im V-Filter, strahlt er mehr blaues Licht aus als gelbes, und der aus diesen beiden Helligkeiten gebildete Farbindex (B-V) ist negativ. (Das klingt falsch, ist aber tatsächlich so, da die Zahl, mit der man in der Astronomie die Helligkeit beschreibt, umso kleiner ist, je heller ein Stern leuchtet.) In diesem Fall hat der Stern eine eher blaue Farbe; umgekehrt beschreibt ein positiver Farbindex einen rot leuchtenden Stern. Das System der Farbindizes erlaubt in der Astronomie eine exakte mathematische Beschreibung der Farbe von Sternen. Jedes System braucht aber auch einen Nullpunkt. Ein weiß leuchtender Stern sollte in allen Farben gleich hell leuchten und einen Farbindex von null besitzen.

Um ihr System entsprechend kalibrieren zu können, haben Johnson und Morgan daher nach sehr hellen und weiß leuchtenden Sternen gesucht, die sie als Nullpunkt des fotometrischen Systems benutzen können. Einer von ihnen war Alphekka – der also per Definition zu einem farblosen Juwel in der himmlischen Krone wurde.

(59)

Barnards Stern

Pfeilschnell und kontrovers

Fixsterne. Dieses Wort wird immer noch oft verwendet, um die Sterne am Himmel zu bezeichnen. Dabei sind Sterne alles andere als fix. Es kommt uns nur so vor – und wenn wir ganz genau hinschauen, dann stimmt nicht einmal das. Barnards Stern ist dafür das beste Beispiel.

Es handelt sich hierbei um einen unscheinbaren Stern, der so unscheinbar ist, dass er mit bloßem Auge gar nicht gesehen werden kann. Dabei ist Barnards Stern uns mit einem Abstand von nur 5,9 Lichtjahren sehr nahe – nur die drei Sterne des Alpha-Centauri-Mehrfachsystems sind noch näher an der Sonne. Seine geringe Distanz zu uns ist es aber nicht, was Barnards Stern so besonders macht. Auch nicht sein Aussehen: Es handelt sich um einen roten Zwergstern, und die stellen die überwiegende Mehrheit aller Sterne. Aber Barnards Stern demonstriert uns sehr deutlich, dass »Fixsterne« alles andere als fix sind.

Auf den ersten Blick scheinen sich die Sterne tatsächlich nicht zu bewegen. Die Bewegung, die wir sehen können, ist nur eine scheinbare und auf die Drehung der Erde um ihre Achse zurückzuführen. Dadurch rotiert der gesamte Himmel mitsamt der Sterne im Laufe eines Tages um uns herum. Die Positionen der Sterne in Bezug aufeinander bleiben dabei jedoch gleich. Wer heute zum Himmel schaut, wird die gleichen Konstellationen erkennen können wie die Himmelsbeobachter vor vielen Jahrhunderten.

Es ist also nur verständlich zu glauben, die Sterne würden sich nicht bewegen. Verständlich, aber eben auch falsch. Alles bewegt sich im Universum, und die Sterne sind keine Ausnahme. Alle Sterne unserer Milchstraße bewegen sich um das Zentrum der Galaxie herum. Unsere Sonne braucht dafür circa 220 Millionen Jahre, andere Sterne schaffen es schneller oder brauchen länger. Und auch die Milchstraße selbst bewegt sich, ebenso wie alle die unzähligen anderen Galaxien mit ihren eigenen Sternen, durchs Universum.

Die Bewegung der Sterne um das Zentrum der Milchstraße erfolgt aber nicht so regelmäßig wie der Umlauf der Planeten um die Sonne. Die Sterne eiern quasi herum, beeinflussen sich gegenseitig durch ihre Gravitationskraft, lenken sich ab, und das Resultat ist eine sogenannte »Eigenbewegung«. Von der Erde aus gesehen ändern die Sterne also im Laufe der Zeit ihre Position. Man muss aber schon sehr genau hinsehen: Da die Sterne so weit entfernt sind, ist ihre Bewegung mit bloßem Auge nicht erkennbar, und man müsste den Himmel jahrtausendelang beobachten, um einen spürbaren Unterschied feststellen zu können. Aber mit guten Teleskopen und genauen Instrumenten gelang es gegen Ende des 18. Jahrhunderts, die Bewegung der Sterne zu messen.

Und 1916 entdeckte der amerikanische Astronom Edward Emerson Barnard dann, dass kein damals bekannter Stern sich so schnell am Himmel bewegte wie der, der heute nach ihm benannt ist: Barnards Stern oder auch »Barnards Pfeilstern«

heißt er seitdem, und er rast derzeit mit 146 Kilometern pro Sekunde auf uns zu. Treffen wird er uns aber nicht, er wird in knapp 10 000 Jahren in einem Abstand von 3,75 Lichtjahren an uns vorbeifliegen.

Für Aufregung sorgte Barnards Stern ein weiteres Mal in den 1960er-Jahren. Der niederländische Astronom Peter van de Kamp behauptete, in dessen Umgebung einen Planeten entdeckt zu haben, der fast doppelt so groß wie Jupiter wäre. Der Stern würde bei seiner Bewegung hin und her wackeln, und das könne nur durch den gravitativen Einfluss eines ihn umkreisenden Planeten erklärt werden. Eine solche Entdeckung wäre eine Sensation gewesen, denn nach den Planeten anderer Sterne hatten Astronomen zu dem Zeitpunkt schon sehr, sehr lange gesucht. Aber nicht alle waren überzeugt, und eine genauere Analyse der Daten ergab auch tatsächlich, dass der Stern immer genau dann zu wackeln schien, nachdem van de Kamp zuvor Wartungs- und Verbesserungsarbeiten am Teleskop durchgeführt hatte.

Unabhängige Beobachtungen konnten van de Kamps hypothetischen Planeten nicht bestätigen, und mit den viel exakteren Geräten der letzten Jahre konnte gezeigt werden, dass ein so großer Planet wie der von van de Kamp dort nicht existieren kann.

Überraschenderweise stießen Forscher im Jahr 2018 an derselben Stelle dann tatsächlich auf einen Planeten. Der ist jedoch viel kleiner und hat nur wenig mehr als die dreifache Masse der Erde. Van de Kamp hatte mit seiner Hypothese zwar danebengelegen, dürfte sich über diese Entdeckung aber vermutlich trotzdem gefreut haben.

60

Deneb

Cecila Payne versteht die Sterne

Woraus bestehen Sterne? Diese Frage blieb für Jahrtausende ohne Antwort. Bis die englische Astronomin Cecilia Payne im Jahr 1925 ihre Doktorarbeit schrieb. Das tat sie aber nicht in England, denn dort, genauer gesagt am Newnham College in Cambridge, hatte sie zwar Astronomie studieren dürfen, konnte aber keinen Abschluss machen. Das war Frauen nicht erlaubt; also ging sie nach ihrem Studium an die Sternwarte des Harvard College in die USA, um dort ihre Dissertation zu verfassen. Eine Arbeit, die Kollegen als die »unzweifelhaft brillanteste Doktorarbeit, die jemals in der Astronomie geschrieben wurde«, bezeichneten.

Payne untersuchte das Licht der Sterne. Oder besser gesagt: Sie untersuchte das, was im Licht der Sterne fehlte. Dringt Licht aus dem Inneren eines Sterns durch seine äußeren Schichten nach draußen, erreicht es das Weltall nicht vollständig, denn die Atome seiner Materie hindern einen kleinen Teil des Lichts daran. Ein Atom besteht aus einem Atomkern und einer Hülle aus Elektronen. Diese Elektronen können Licht absorbieren, und sie tun das auf eine ganz spezielle Art und Weise. Je nach Anzahl und Konfigurationen der Elektronen wird ein Atom nur Licht mit ganz speziellen Wellenlängen aufnehmen, also Licht einer ganz bestimmten Farbe. Wenn man das Licht eines Sterns in all seine Farben aufspaltet und daraus einen künstlichen Regenbogen – ein »Spektrum« – erzeugt, dann wird in diesem Spektrum also eine bestimmte Farbe fehlen, da das Licht mit der entsprechenden Wellenlänge von den Elektronen absorbiert wurde. Im Regenbogen wird man an der Stelle deswegen dunkle Linien sehen.

Jedes chemische Element erzeugt dabei ein ganz charakteristisches Muster solcher Spektrallinien. Wasserstoff bringt etwa andere Linien hervor als Kohlenstoff oder Sauerstoff. Anhand der Linien im Spektrum eines Sterns, oder mit anderen Worten: anhand seines Lichts, lässt sich also herausfinden, aus welchen Elementen er besteht.

Das wusste man im Prinzip schon gegen Ende des 19. Jahrhunderts, und man nutzte das Wissen auch, um die Zusammensetzung der Sterne zu bestimmen. Aber, wie Payne in ihrer Arbeit festgestellt hat: Man machte es falsch. Man hatte damals im Spektrum der Sonne Spektrallinien gefunden, die unter anderem auf die Anwesenheit von Kohlenstoff, Silizium und Eisen hindeuteten, also auf die gleichen chemischen Elemente, aus denen auch die Erde besteht. Das passte gut zu den gängigen Theorien über die Entstehung der Himmelskörper: Wenn sich Sonne und Erde zur gleichen Zeit aus der gleichen kosmischen Wolke gebildet haben, dann müssen sie auch aus den gleichen Elementen bestehen. Die Sonne sollte, so dachte man, wie die Erde sein, nur eben sehr viel heißer.

Das stimmt tatsächlich – aber eben nicht ganz, so Paynes Forschungsergebnis. Denn man hatte die sogenannte »Ionisation« nicht ausreichend berücksichtigt: Wenn ein Elektron Energie aufnimmt, kann es seine Position in der Atomhülle verändern oder sogar komplett aus dem Atom entfernt werden. Dann spricht man von einem ionisierten Atom. Wenn sich die Anzahl der Elektronen eines Atoms ändert, ändert sich entsprechend natürlich auch sein Muster an Spektrallinien. Will man also wirklich verstehen, aus welchen Elementen ein Stern besteht, dann muss man genauer hinsehen, als Paynes

Kollegen es bis zu diesem Zeitpunkt taten, und auch all die verschiedenen Muster berücksichtigen, die ionisierte Elemente erzeugen können.

Genau das tat Payne und kam zu dem Ergebnis: Die Sonne besteht zwar tatsächlich aus den gleichen chemischen Elementen wie die Erde, zumindest ungefähr. Sie ist der Erde jedoch überhaupt nicht ähnlich, denn es gibt zwei Elemente, die in der Sonne alle anderen komplett dominieren: Wasserstoff und Helium. Wasserstoff kommt in der Sonne eine Million Mal häufiger vor als alle anderen Elemente; Helium macht den überwiegenden Teil des Rests aus; und alle anderen chemischen Elemente tauchen nur in verschwindend geringen Mengen auf.

Sterne bestehen also hauptsächlich aus Wasserstoff und Helium. Das gehört heute zum Grundwissen der Astronomie, und zwar dank Cecilia Payne (die nach ihrer Heirat den Namen Payne-Gaposchkin trug). Als sie ihre Ergebnisse veröffentlichte, wollte man ihrer Forschung aber nicht glauben, und ihre (natürlich allesamt männlichen) Kollegen drängten sie sogar dazu, den Befund in ihrer Dissertation als »nur scheinbar« zu bezeichnen. Erst als immer mehr Wissenschaftler selbst zum gleichen Ergebnis kamen wie Payne, setzte sich ihre Ansicht durch.

Cecilia Payne-Gaposchkin hat damals allen gezeigt, wie man die Spektrallinien der Sterne wirklich interpretieren muss. Einen Stern hat sie in ihrer Dissertation ganz besonders hervorgehoben: Deneb, im Sternbild Schwan. Der gehört nicht nur zu den hellsten Sternen am Nachthimmel, sondern ist auch, wie Payne schreibt, »außergewöhnlich reich an feinen, scharfen Linien, von denen viele noch nicht identifiziert sind«. Deneb sei der Stern, der mehr Potenzial zum Verständnis der Sternspektren habe als jeder andere Stern. Auch damit lag sie nicht falsch – das Spektrum von Deneb gehört seit 1943 zu den Referenzwerten, auf denen das heute immer noch verwendete »MK-System« zur Klassifizierung von Sternspektren basiert.

61

Beta Pictoris

Bilder einer fremden Welt

Beta Pictoris ist der zweithellste Stern im Sternbild des Malers. Und von dort stammt passenderweise ein Bild, nach dem man lange gesucht hat. Auffällig hat sich der Stern immer schon verhalten. Er ist mit einem Alter von 20 Millionen Jahren noch extrem jung, und seine Helligkeit schwankt deswegen auch noch ein wenig. 1983 war er einer der ersten Sterne, bei denen man Hinweise auf eine ihn umgebende Scheibe aus Staub und Gas fand. Die konnten Astronomen 1984 dann auch direkt beobachten. In den folgenden Jahren fand man immer mehr Unregelmäßigkeiten in der Verteilung des Staubs. Es gab Klumpen, Lücken, und die ganze Scheibe schien seltsam »verbogen« zu sein. All das waren Hinweise darauf, dass in dieser Scheibe um den jungen Stern genau die Prozesse abliefen, die man dort erwarten würde: die Entstehung von Planeten.

Im Jahr 2008 konnte dort tatsächlich ein junger Planet beobachtet werden. Und »beobachtet« ist in diesem Fall wörtlich zu verstehen: Die Astronomin Anne-Marie Lagrange von der Universität Grenoble und ihre Kollegen waren in der Lage, ein Bild des Planeten aufzunehmen.

Das ist nicht selbstverständlich. So gut wie alle anderen Planeten anderer Sterne konnten bisher nur indirekt nachgewiesen werden. Wir haben sie anhand der Auswirkungen entdeckt, die ihre Anwesenheit auf ihre Umgebung hat. Planeten sorgen etwa dafür, dass der Stern, den sie umkreisen, ein klein wenig wackelt, oder sie verdunkeln in regelmäßigen Abständen sein Licht ein wenig. Auf diese Art lassen sich diese Himmelskörper identifizieren – aber sie zu »sehen« ist fast unmöglich.

Planeten sind winzig verglichen mit Sternen, und sie leuchten auch nicht von selbst. Das bisschen Licht, das sie reflektieren, wird von den viel helleren Sternen komplett überstrahlt. Und selbst wenn es doch irgendwie gelingt, das von einem Planeten zurückgeworfene Licht im Teleskop einzufangen, ist es doch nur das Bild eines weiteren Punkts zwischen vielen anderen Punkten. Ohne weitergehende Analyse ist völlig unklar, welche Masse das Objekt hat oder ob es sich überhaupt um den Stern herum bewegt. Sehr oft wusste man daher gar nicht, ob es sich bei dem, was man beobachtet hatte, tatsächlich um einen Planeten handelte oder nicht. Je nachdem, wessen Argumentation man folgt, wurde das erste Bild des Planeten eines anderen Sterns im Jahr 2004, 2005 oder 2008 aufgenommen.

Aber auch wenn Beta Pictoris nicht der erste Stern mit einem direkt beobachteten Planeten war, gehört er doch zu den spektakulärsten Fällen. Bei dem Versuch, direkte Bilder von Planeten außerhalb des Sonnensystems aufzunehmen, konzentrierte man sich meist auf sehr junge Sterne. Dort müssen zwangsweise auch etwaige Planeten noch jung und damit heiß sein. Diese Wärme lässt sich mit Infrarotteleskopen besonders gut nachweisen, die ja nichts anderes tun, als die aus dem All kommende Wärmestrahlung von Himmelskörpern zu registrieren.

Das Bild von Beta Pictoris ist ein ebensolches Infrarotbild – und zeigt einen Planeten, der etwa die 7-fache Masse des Jupiters besitzt und seinen Stern in ungefähr dem Abstand umkreist, den der Saturn von der Sonne hat. Mittlerweile hat man diesen Planeten lange genug beobachtet, um seine Bewegung um Beta Pictoris auch ganz konkret sehen zu können – das erste Mal in der Geschichte der Astronomie, dass wir einem Planeten beim Umrunden seines Sterns zusehen konnten! Eine komplette Umkreisung wird er aber erst 2029 vollendet haben.

Das Bild aus dem Sternbild des Malers bleibt trotzdem eine Ausnahme. Selbst wenn man all die zweifelhaften Fälle inkludiert, kommt man derzeit auf kaum zwei Dutzend direkte Beobachtungen der Planeten anderer Sterne. Aber das wird sich in Zukunft ändern. Die nächste Generation der Teleskope im Weltraum und auf der Erde wird es viel leichter haben, solche Aufnahmen zu machen. Dann werden wir die fremden Welten regelmäßig sehen können. Eines wird sich aber so schnell leider nicht ändern: Auch mit besseren Geräten werden die Bilder immer nur Punkte zeigen. Für Details auf der Oberfläche sind die Planeten einfach viel zu weit entfernt. Da müssten wir schon selbst hinfliegen und nachsehen.

62

72 Tauri

Der Stern, der Albert Einstein weltberühmt machte

Der Stern 72 Tauri ist mit bloßem Auge kaum zu sehen. Er befindet sich im Sternbild Stier, ist ungefähr 420 Lichtjahre von der Erde entfernt und ein heißer, blau leuchtender Stern, der ein wenig mehr als doppelt so groß wie unsere Sonne ist. Auf den ersten Blick gibt es tatsächlich nichts, das ihn aus der gigantischen Masse himmlischer Lichter hervorhebt.

Zusammen mit 12 anderen Sternen war er allerdings der Hauptdarsteller einer wissenschaftlichen Revolution. 72 Tauri taucht als Stern Nummer 10 in Tabelle 1 eines Fachartikels auf, in dem der britische Astronom Arthur Eddington seine Beobachtungen der Sonnenfinsternis vom 29. Mai 1919 präsentierte.

Dazu organisierte er gleich zwei Expeditionen; eine nach Sobral in Brasilien und eine nach São Tomé und Príncipe vor der Westküste Afrikas. Er wollte so gut wie möglich vorbereitet sein und die Verdunkelung der Sonne auf keinen Fall aufgrund von schlechtem Wetter verpassen. An einem der beiden Orte und idealerweise an beiden hofften er und seine Mitarbeiter, Beobachtungen machen zu können, die die Welt der Wissenschaft fundamental verändern würden.

Es ging um die Bestätigung von Albert Einsteins Allgemeiner Relativitätstheorie. Schon 1905 hatte Einstein seine Spezielle Relativitätstheorie veröffentlicht und darin die klassische Physik über den Haufen geworfen. Seine 1915 publizierte Erweiterung versprach noch größere Revolutionen: Einstein präsentierte der Welt ein Universum, das verformbar war. Vor Einstein betrachtete man Raum und Zeit als unveränderbar; als Bühne quasi, auf der die Gesetze der Physik ablaufen können. Dass dem nicht so ist, sondern dass die Auffassung von Raum und Zeit für jeden Beobachter anders ist und sich ändert, je nachdem, wie schnell man sich in Bezug aufeinander bewegt, hatte Einstein schon in seiner Speziellen Theorie demonstriert. Nun behauptete er, dass der Raum nicht einfach nur »Hintergrund« sei, sondern etwas, auf das Einfluss ausgeübt werden könne. Jede Masse im Universum, so Einstein, krümmt den existierenden Raum, und zwar umso stärker, je größer die Masse ist. Im Gegenzug werden alle Objekte im Universum bei ihrer Bewegung durch diese Krümmungen beeinflusst.

Die Kraft, die wir als Gravitation beziehungsweise als Anziehungskraft wahrnehmen, sei in Wahrheit nichts anderes als die spürbare Auswirkung der Raumzeitkrümmung durch große Massen. Die Erde etwa bewegt sich nicht deshalb um die Sonne, weil sie von einer Kraft wie mit einer unsichtbaren Leine festgehalten wird. Sondern weil die Sonne den Raum um sich herum krümmt und die Erde nicht anders kann, als bei ihrer Bewegung dieser Krümmung zu folgen.

Eine spektakuläre und revolutionäre Behauptung, aber auch eine, die sich schwer belegen lässt. Und doch war es genau das, was Eddington vorhatte. Denn auch Lichtstrahlen müssen laut Einsteins Theorie der Raumkrümmung folgen. Wenn sich also etwa der Lichtstrahl eines fernen Sterns dicht an der Sonne vorbei bewegt, dann muss er durch die von ihr verursachte Raumkrümmung etwas »verbogen« werden. Dadurch scheint sich seine Position am Himmel für uns leicht zu verschieben.

Aber die Sonne leuchtet viel zu hell, als dass man Sterne in ihrer unmittelbaren Nähe beobachten könnte. Es sei denn, es findet gerade eine Sonnenfinsternis statt. Eddington berechnete also, welche Sterne sich gerade in der Nähe der Sonne befinden müssten, wenn diese sich am 29. Mai 1919 verfinstern würde. Diese Sterne wollte er beobachten, ihre Positionen vermessen und dann mit den bekannten Positionen vergleichen. Wenn Einstein tatsächlich recht hatte, dann müssten die Positionen während der Sonnenfinsternis leicht von den bekannten Positionen abweichen, und zwar um einen ganz bestimmten Betrag.

Die Beobachtungen waren nicht einfach. Wolken drohten die Sicht zu versperren, und das Klima beeinträchtigte die Ausrüstung. Am Ende aber gelangen ausreichend viele und gute Aufnahmen der meisten Sterne, um Einsteins These prüfen zu können. 72 Tauri hatte seine Position tatsächlich verändert, und zwar genau so, wie man es erwartet hatte. Auch die anderen Sterne bestätigten die Allgemeine Relativitätstheorie. Eddingtons sorgfältige Rechnungen (die in den Jahren darauf immer wieder geprüft und bestätigt wurden) hatten gezeigt, dass Massen tatsächlich den Raum krümmen. Oder in Eddingtons Worten: »Die Ergebnisse lassen nur wenig Zweifel daran, dass eine Ablenkung des Lichts in der Nähe der Sonne stattfindet und dass sie dem von Einsteins allgemeiner Theorie geforderten Wert entspricht.«

Medien in aller Welt berichteten von der erfolgreichen Expedition und der spektakulären Bestätigung der Allgemeinen Relativitätstheorie. Albert Einstein wurde weltberühmt und zum Sinnbild des genialen Wissenschaftlers. 72 Tauri sei Dank …

63

V1

Der wichtigste Stern des Universums

Als der amerikanische Astronom Edwin Hubble im Jahr 1923 auf einer seiner astronomischen Aufnahmen ein »N« durchstrich und durch die Buchstaben »VAR« ersetzte, revolutionierte er unseren Blick auf das Universum für immer. Er hatte das Geheimnis des Sterns entdeckt, der den Namen »V1« bekam, und mit ihm die wahre Natur des Kosmos. V1 ist der wichtigste Sterns des Universums – zumindest wenn es darum geht, dessen wahre Ausmaße zu verstehen.

»Hier ist der Brief, der mein Universum zerstört hat«, sagte der Astronom Harlow Shapley, als er von Hubble über dessen Entdeckung informiert wurde. Zu Beginn des 20. Jahrhunderts waren die Menschen sich noch nicht im Klaren darüber, wie das Universum, in dem sie lebten, beschaffen war. Man wusste, dass es groß war und dass es neben der Sonne noch viele andere, weit entfernte Sterne gab. Aber überall am Himmel ließen sich auch seltsame »Nebel« beobachten, wolkenartige Objekte, die definitiv nicht wie Sterne aussahen und auf die man sich keinen wissenschaftlichen Reim machen konnte.

Shapley und seine Anhänger waren der Meinung, diese Nebel seien nicht weiter entfernt als die Sterne und es handele sich bei ihnen tatsächlich nur um neblige Ansammlungen von Gas zwischen ihnen. Die Sterne, die wir am Himmel sehen können, seien tatsächlich alle Sterne, die es gebe – und darüber hinaus gäbe es schlicht nichts. Sein Kollege Heber D. Curtis dagegen hing der Ansicht an, das Universum sei voll mit »Welteninseln«. Sterne würden sich zu großen Ansammlungen zusammenfinden, zu sogenannten Galaxien, und unsere Sonne inklusive all der einzelnen Sterne, die wir am Himmel beobachten können, sei nur eine von vielen. Die Nebel wiederum seien in Wahrheit keine Nebel, sondern weit entfernte Galaxien, die durch gewaltige Leerräume von der Milchstraße getrennt sind.

Dieser »große Debatte« genannte Streit beschäftigte die Astronomie des frühen 20. Jahrhunderts. Und Edwin Hubble beendete ihn. Er nutzte das große Hooker-Teleskop der Mount-Wilson-Sternwarte in Kalifornien und konnte auf diese Weise im Andromedanebel einzelne Sterne erkennen – wusste aber immer noch nichts über deren Entfernung. Eine genaue Distanz zu messen, war mit der damaligen Technik nur bei vergleichsweise nahen Sternen möglich.

Hubble war auf der Suche nach Novas, nach Sternen, die am Ende ihres Lebens explodieren. Das sollten sie immer auf die gleiche Art und Weise tun und dabei auch auf mehr oder weniger die gleiche Weise ihre Helligkeit verändern. Wenn er nun die beobachtete Helligkeit mit der theoretischen vorhergesagten Helligkeit der Nova verglich, könnte er den Abstand zum Andromedanebel einigermaßen genau schätzen: Je schwächer die Nova leuchtet, desto weiter musste der Nebel entfernt sein.

Auf einer Aufnahme vom 5. Oktober 1923 fand er drei Sterne, die eine potenzielle Nova darstellen könnten, und markierte sie mit einem »N«. Als er das Bild aber mit älteren Aufnahmen verglich, stellte er fest, dass einer von ihnen sich seltsam verhielt. Er leuchtete mal schwächer und mal heller – etwas, das eine Nova nicht macht, aber das typisch für einen veränderlichen Stern ist. Hubble änderte also die Bezeichnung von »N« auf »VAR« und untersuchte den Stern genauer. Dabei entdeckte er, dass es sich um eine ganz besondere Art von veränderlichem Stern handelte, um einen sogenannten »Cepheiden«. Solche Sterne ändern ihre Helligkeit mit einer ganz bestimmten Periode, die von ihrer Leuchtkraft abhängt. Die Periode konnte Hubble leicht messen und aus der daraus berechneten Leuchtkraft bestimmen, wie hell der Stern eigentlich sein sollte. Das verglich er mit der Helligkeit, die der Stern am Himmel zeigte, und konnte so auf seine Entfernung von der Erde schließen.

Im Verlauf des folgenden Jahres entdeckte er noch einige weitere Cepheiden im Andromedanebel. Und alle lieferten ein übereinstimmendes Ergebnis: Der Nebel ist sehr viel weiter entfernt, als die Milchstraße groß sein kann (der moderne Wert für den Abstand beträgt 2,4 Millionen Lichtjahre; Hubble kam damals auf eine etwas geringere Distanz). Der Andromedanebel konnte also kein »Nebel« sein, es musste sich um eine riesige Ansammlung von Milliarden von Sternen handeln, die uns nur deshalb wie eine formlose Wolke erscheint, weil sie so weit entfernt ist. Heute wissen wir: Der Andromedanebel ist in Wahrheit die Andromedagalaxie. Und auch bei den meisten der anderen vermeintlichen Nebel handelt es sich um ebensolche Galaxien. Mit Hubbles Entdeckung war die Milchstraße auf einen Schlag nur noch eine von unzähligen Sterneninseln in einem Universum, das plötzlich unvorstellbar viel größer geworden war, als man es sich zuvor hätte ausmalen können.

Hubbles Stern V1 hat uns einen ersten Blick auf die Ausdehnung des Kosmos erlaubt – und wir sind bis heute dabei, die Grenzen dieses gigantischen Universums zu verstehen und zu erforschen.

Kepler-1

Helle Sonne, dunkle Welt

Als das Weltraumteleskop Kepler einen Planeten beim Stern TrES-2 beobachtete, war die Freude groß. Aber nicht aus dem offensichtlichen Grund. Dass der Stern von einem Planeten umkreist wurde, war schon seit 2006 bekannt, als man ihn im Rahmen des Trans-Atlantic Exoplanet Survey (TrES) entdeckt hatte. Aber als das Teleskop Kepler im April 2009 das erste Mal im Weltraum seine Augen öffnete, nutzte man das Wissen über den Planeten von TrES-2, um zu überprüfen, ob alles so funktionierte, wie es sollte. Denn Kepler war nicht gebaut worden, um die Existenz schon bekannter Planeten zu bestätigen. Es sollte unser Wissen über die Planeten fremder Sterne massiv erweitern.

Und genau das hat es auch getan. 2662 Stück sind mit der Hilfe dieses revolutionären Teleskops entdeckt worden, bevor es im November 2018 endgültig deaktiviert wurde. So viele wie von keinem einzigen Instrument vor ihm; mehr als die Hälfte aller damals bekannten Planeten hatte Kepler aufgespürt – und mit TrES-2 fing alles an.

Im Rahmen der Kepler-Mission bekam dieser Stern die Bezeichnung »KOI-1«. Das steht für »Kepler Object of Interest« und bezeichnet Sterne, bei denen man vermutete, dass sie von Planeten umkreist werden. Da man bei TrES-2 ja schon von der Existenz des Planeten wusste, konnte man den Stern sofort mit der systematischen Bezeichnung versehen, die für alle Sterne vorgesehen war, bei denen Kepler zweifelsfrei einen Planeten nachweisen würde: Name des Teleskops –

»Kepler« – gefolgt von einer fortlaufenden Nummer. TrES-2 war der erste von ihnen und wurde so zu »Kepler-1«. Um endlich auch unbekannte Planeten zu finden, nutzte Kepler die sogenannte »Transitmethode«. Dabei beobachtet man das Licht eines Sterns und misst dessen Helligkeit. Wird der Stern von einem Planeten umkreist und zieht dieser Planet von der Erde aus gesehen genau vor seinem Stern vorbei, dann blockiert er dabei ein klein wenig von dessen Licht. Bei jeder Runde, die der Planet um den Stern zieht, wird der Stern ein klein wenig dunkler. Die periodische Änderung der Helligkeit ist minimal, aber messbar, und man kann daraus auf die Existenz eines Planeten und auf dessen Eigenschaften schließen.

Da nicht alle Planeten ihre Sterne in genau der richtigen Ebene umkreisen, dass wir einen Transit beobachten können, muss man möglichst viele Sterne auf einmal beobachten, wenn man viele Planeten entdecken will. Genau deswegen wurde Kepler auch ins All geschickt. Ohne störende Atmosphäre und immer auf die gleiche Region am Himmel gerichtet, konnte Kepler ungefähr 150 000 Sterne ständig im Blick behalten und ihre Helligkeit jahrelang vermessen.

So konnte Kepler all die neuen Planeten entdecken, und im Jahr 2011 zeigte sich, dass auch der erste Blick auf den schon bekannten Planeten von TrES-2 sich gelohnt hat. Der Stern selbst ist der Sonne sehr ähnlich: Größe, Masse, Temperatur und Alter stimmen fast mit den Eigenschaften unseres Sterns überein. Der dort gefundene Planet ist aber außergewöhnlich. Er ist ein wenig größer als Jupiter, der größte Planet unseres Sonnensystems, aber seinem Stern dramatisch viel näher. Er umkreist TrES-2 viel enger, als es Merkur, der sonnennächste Planet, bei uns tut.

Was man aber erst durch die Daten von Kepler herausfand: Dieser Planet ist der dunkelste, den man je beobachtet hat. Er reflektiert weniger Licht als ein Stück Kohle. Herausgefunden hat man das durch die Analyse der Phasen des Planeten. Steht der Planet von uns aus gesehen nicht gerade vor oder hinter seinem Stern, sondern ein Stück daneben, dann wird er je nach Position ein bisschen mehr oder weniger beleuchtet. So wie wir auf der Erde Vollmond und Halbmond sehen können, gibt es in diesem Fall auch »Vollplanet« oder »Halbplanet«. Je nachdem, wie viel Licht der Planet nun noch zusätzlich zum Sternenlicht in unsere Richtung reflektiert, ändert sich die gesamte Helligkeit, die wir messen können.

Der Effekt ist minimal, aber von einem Weltraumteleskop wie Kepler messbar. Sie hatte sich aber in dem Fall als so enorm winzig herausgestellt, dass sie angesichts der Größe des Planeten nur durch seine extrem dunkle Farbe erklärt werden kann. Warum dieser Planet aber so extrem wenig Licht reflektiert, ist immer noch unbekannt. Es werden wohl noch weitere Teleskope ihre Augen auf diesen Himmelskörper richten müssen, um auch das klären zu können.

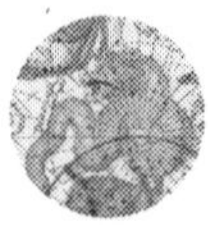

65

HD 209458

Der Stern und sein verdampfender Planet

Der Stern mit der Bezeichnung HD 209458 leuchtet im Sternbild Pegasus, allerdings so schwach, dass mit bloßem Auge nichts davon zu sehen ist. Richtet man aber ein Teleskop auf den Stern, dann sieht man, wie sein Licht alle dreieinhalb Tage ein klein wenig schwächer wird. Verantwortlich dafür ist ein Planet, der HD 209458 umkreist und von uns aus gesehen genau vor dem Stern vorüberzieht. Der Himmelskörper, der inoffiziell den Namen des altägyptischen Todesgottes »Osiris« trägt, gehört zu einer ganz besonderen Klasse von Planeten, die uns lange Zeit Kopfzerbrechen bereitet hat.

Osiris ist in der astronomischen Terminologie ein sogenannter »Heißer Jupiter«. Damit bezeichnet man Planeten, die ihn ihrer Größe und Zusammensetzung dem Gasriesen Jupiter in unserem Sonnensystem ähnlich sind, sich aber im Gegensatz zu Jupiter nicht weit von ihren Sternen entfernt befinden, sondern sie in unmittelbarer Nähe umrunden.

Für eine Runde um die Sonne braucht Jupiter ungefähr 12 Jahre. Er ist im Mittel 780 Millionen Kilometer von ihr entfernt; das entspricht der fünffachen Distanz zwischen Erde und Sonne. Je weiter ein Planet von seinem Stern entfernt ist, desto länger braucht er auch für einen Umlauf – das folgt aus dem Gravitationsgesetz. Der Planet von HD 209458 braucht für eine Runde um seinen Stern aber nur überraschend kurze 3,5 Tage. Das bedeutet, dass er ihm auch entsprechend nahe sein muss. Stern und Planet trennen nur knapp 7 Millionen Kilometer. Für astronomische Verhältnisse ist das absurd wenig; das entspricht nur wenig mehr als dem vierfachen Durchmesser des Sterns. Zum Vergleich: In unserem Sonnensystem ist Merkur der innerste Planet – mit einem Abstand von 58 Millionen Kilometern.

Dass es anderswo überhaupt Planeten gibt, die ihrem Stern so nahe kommen können, war die erste große Überraschung, als man Ende der 1990er-Jahren solche Himmelskörper erstmals beobachten konnte. Die zweite und noch viel größere Überraschung war die Tatsache, dass es sich um gewaltige, dem Jupiter ähnelnde Gasplaneten handelt. Bis zu diesem Zeitpunkt war man davon ausgegangen, dass solche Planeten sich nur weit entfernt von ihrem Stern befinden können, denn nur dort ist zur Zeit der Planetenentstehung ausreichend Material vorhanden, aus dem sich ein derart großer Himmelskörper bilden kann. Nicht aber in unmittelbarer Nähe des Sterns: Dort werden Gas und Staub durch seine starke Strahlung schnell hinaus ins All gepustet.

Wie also kommt ein Objekt wie Osiris dorthin, wo es sich befindet? Durch »planetare Migration«. Die Bedeutung dieses Phänomens ist uns erst durch die Untersuchung der Heißen Jupiter anderer Sterne bewusst geworden. In der Frühphase eines Planetensystems existiert zwischen den jungen Himmelskörpern noch jede Menge Gas und Staub – quasi der Schutt, der noch überall auf der planetaren Baustelle herumliegt. Die gravitative Wechselwirkung der noch im Entstehen begriffenen Planeten mit diesem Material kann dazu führen, dass sich ihre Umlaufbahnen vergrößern oder eben auch verkleinern. Osiris ist also tatsächlich weit entfernt von seinem Stern entstanden, dann aber immer weiter an ihn herangewandert.

Die Nähe zu seiner Sonne tut Osiris allerdings gar nicht

gut. Er wird enorm stark aufgeheizt und verdampft regelrecht. Pro Sekunde verliert er bis zu einer halben Million Tonnen seiner Gasatmosphäre an das Weltall. Beobachtungen haben gezeigt, dass der gesamte Planet sogar einen regelrechten Schweif aus Gas hinter sich herzieht, so wie ein Komet.

Die Entdeckung von Heißen Jupitern wie Osiris haben uns eindrücklich gezeigt, dass es dort draußen ganz anders aussehen kann als in der uns vertrauten Heimat des Sonnensystems. Die Planeten anderer Sterne sind vielfältiger als das, was wir bei uns beobachten können. Das eigene Sonnensystem (anders als es jahrhundertelang üblich war) nicht als Maß aller Dinge zu sehen ist ein entscheidender Schritt darin, das Universum immer wieder ein klein wenig besser zu verstehen.

66

Proxima Centauri

Der Stern nebenan

Der Stern, der uns hier auf der Erde am nächsten ist, ist natürlich die Sonne. Aber auch wenn die Sonne selbstverständlich ein waschechter Stern ist, kommt ihr in unserem Leben doch eine derart spezielle Bedeutung zu, dass wir sie gar nicht mehr als solchen betrachten. Sterne, das sind für uns die hellen Lichtpunkte am Nachthimmel, die sichtbar werden, wenn die Sonne hinterm Horizont verschwunden ist. Und Proxima Centauri ist der Stern, der uns von all diesen Sternen am nächsten ist.

Das wissen wir noch gar nicht so lange. Denn Proxima Centauri ist uns zwar so nahe wie kein anderer Stern, mit bloßem Auge können wir ihn aber trotzdem nicht sehen. Es handelt sich um einen roten Zwergstern, der nur ein Zehntel der Masse unserer Sonne hat, die zudem siebenmal größer ist als Proxima Centauri und 100 000-mal heller leuchtet. Ohne optische Hilfsmittel ist er nicht zu sehen, und deswegen hat er erst 1915 das Interesse des schottischen Astronomen Robert Innes geweckt. Es war seine Bewegung, die die Aufmerksamkeit des Wissenschaftlers erregt hat: Auf seinen Aufnahmen war dieser eine kleine Lichtpunkt zu sehen, der im Vergleich zu älteren Bildern seine Position geändert hatte, und zwar genau auf die gleiche Art und Weise wie Alpha Centauri.

Das wiederum war ein Stern, den alle kannten, denn Alpha Centauri ist immerhin der vierthellste Stern an unserem Nachthimmel und am Himmel der südlichen Hemisphäre der Erde gut sichtbar im Sternbild des Zentauren. Schon im 19. Jahrhundert hatte man festgestellt, dass es sich bei Alpha Centauri nicht nur um ein aus zwei Sternen bestehendes Doppelsternsystem handelt, sondern dass die beiden Himmelskörper uns zudem mit einer Distanz von 4,3 Lichtjahren so nah sind wie kein anderer damals bekannter Stern.

Und nun war da also ein weiterer Stern, direkt neben Alpha Centauri, der sich noch dazu gemeinsam mit diesem über den Himmel zu bewegen schien. Diese Entdeckung rief förmlich nach weiterer Forschung, und sein Abstand zur Erde wurde bestimmt. Das überraschende Ergebnis: Der kleine Stern war uns mit 4,2 Lichtjahren noch ein kleines Stückchen näher als Alpha Centauri. Robert Innes schlug deshalb vor, ihn »Proxima« zu nennen, also lateinisch für »Nächstgelegene«.

Und die Nächstgelegene hat seit damals nicht aufgehört, uns zu überraschen. Im Jahr 2016 entdeckte man, dass der kleine Rote Zwerg von einem Planeten umkreist wird – und nicht einfach von irgendeinem Planeten, sondern von einem besonderen Exemplar, auf dem möglicherweise erdähnliche Bedingungen herrschen könnten. Es handelt sich um eine »Supererde«, also einen Gesteinsplaneten, der die 1,5- bis 3-fache Masse der Erde hat. Er befindet sich extrem nahe an Proxima Centauri, was einerseits gut ist, da er so genug von der schwachen Strahlung des Sterns abbekommt, sodass dort (zumindest theoretisch) lebensfreundliche Temperaturen herrschen könnten. Andererseits ist es aber auch schlecht, da es sich bei Proxima, so wie bei vielen anderen Roten Zwergen, um einen »Flarestern« handelt. Er zeigt extreme Helligkeitsänderungen, bei denen auch große Mengen an Röntgenstrahlung erzeugt werden. Ein Planet in unmittelbarer Nähe des Sterns kriegt die volle Ladung dieser harten Strahlung ab, was für die Entwicklung von Leben eher hinderlich sein dürfte.

Die unmittelbare Nähe zur Sonne und die Existenz von zumindest einem Planeten machen Proxima Centauri zu einem verlockenden Ziel für interstellare Missionen. Bis jetzt haben sich ja alle unsere Raumsonden nur in unserem eigenen Sonnensystem aufgehalten. Selbst der Abstand zu einem nahen Stern wie Proxima ist aus menschlicher Sicht immer noch gigantisch und nicht zu überbrücken – mit der derzeitigen Technik wären wir mehrere 10 000 Jahre bis dorthin unterwegs. Es gibt aber auch Modelle dazu, wie sich winzige Miniaturraumsonden mit Lasern so stark beschleunigen ließen, dass die Reisezeit auf wenige Jahrzehnte verkürzt werden könnte. Einmal angekommen, wären sie zwar weder in der Lage, dort anzuhalten, noch, zu landen – aber wir hätten zumindest die Chance auf das ein oder andere Bild von Stern und

Planet. Und die erste direkte Beobachtung eines fremden Planetensystems aus der Nähe wäre den Aufwand mehr als wert.

Ein Rätsel um Proxima Centauri konnte aber zumindest schon gelöst werden. Lange Zeit hatte man sich gefragt, ob der Stern vielleicht nur zufällig gerade in der Nähe von Alpha Centauri zu sehen oder tatsächlich Teil des Systems ist. 2016 fand man die Antwort: Der sonnennächste Stern umkreist Alpha Centauri einmal alle 600 000 Jahre.

67

NGS

Obsolet dank Lasersternen

»NGS« ist kein Name eines Sterns, sondern eine Abkürzung für »Natural Guide Star«, und im Prinzip kann sich fast jeder Stern diesen Titel verdienen, sofern er hell genug ist. Dann kann er dabei helfen, ein großes Problem der Astronomie zu lösen – und die für astronomische Zwecke störenden Einflüsse der Erdatmosphäre ausgleichen.

Natürlich sind Astronominnen und Astronomen genau wie der Rest der Menschheit prinzipiell nicht unglücklich darüber, dass unser Planet von einer lebensfreundlichen Lufthülle umgeben ist. Trotzdem macht sie ihnen die Arbeit schwer. Das Licht der Sterne, das sich Jahrtausende oder oft auch Jahrmilliarden ungestört durch den Weltraum bewegt hat, muss auf den letzten Kilometern zu den Spiegeln der Teleskope die ungemütliche Erdatmosphäre durchqueren. Sobald es sich nicht mehr durchs Vakuum des Alls bewegt, sondern durch die Luft, wird es ein klein wenig abgebremst. Wie schnell das Licht vorankommt, hängt dabei von der Dichte der Luft ab, und die wiederum wird auch von der Temperatur bestimmt. Unsere Atmosphäre ist aber leider ständig in Bewegung: Unterschiedliche Luftschichten mit unterschiedlicher Temperatur und Dichte wirbeln permanent durcheinander, und diese Turbulenzen bringen auch das Licht vom Weg ab.

Das ist auch der Grund, warum wir die Sterne am Himmel »funkeln« sehen. Die Unruhe in der Lufthülle lenkt ihr Licht mal hierhin und mal dorthin, und der Stern scheint am Himmel ständig hin und her zu hüpfen. Was wir mit unseren Augen als Funkeln wahrnehmen, führt in den Kameras der astronomischen Teleskope zu unscharfen Bildern.

Dieses Problem versucht man mit sogenannten »adaptiven Optiken« zu lösen. Dabei beobachtet ein Teleskop das Licht eines Leitsterns (Guide Star). Es wird zu einem Sensor geleitet, der in der Lage ist, die Verzerrung der ursprünglich ordentlichen Lichtwelle zu messen. Diese Information wird an den Spiegel des Teleskops weitergeleitet, der sich ein klein wenig verformen lässt. Dieses Regelsystem sorgt dann wiederum dafür, dass die Oberfläche des Spiegels sich genau an den richtigen Stellen »verbiegt«, um die Verzerrungen im Licht der Sterne auszugleichen. Oder anders gesagt: Der Spiegel flackert genau gegengleich zu den Sternen und kann so ein scharfes Bild erzeugen.

Damit diese Technik funktioniert, muss der Spiegel mehrmals pro Sekunde vollautomatisch verformt werden. Die Sensoren müssen die Verzerrungen im Sternenlicht also in rascher Folge messen, auswerten und weiterleiten. Das geht nur, wenn der Leitstern hell genug leuchtet, damit der Sensor ausreichend viel Licht bekommt. Wenn in der Gegend des Himmels, die man beobachten will, gerade ein ausreichend heller Stern vorhanden ist, kann er als Natural Guide Star dienen. Aber oft ist das nicht der Fall. Damit die adaptive Optik trotzdem funktioniert, hat man seit einiger Zeit begonnen, auf die natürlichen Leitsterne zu verzichten und stattdessen Lasersterne zu benutzen.

Ein starker Laserstrahl projiziert dabei einen künstlichen Stern an den Himmel, der sich genau da befindet, wo man ihn braucht, und der hell genug ist, um die adaptive Optik einsetzen zu können. Lasersterne werden schon seit den 1980er-Jahren erfolgreich eingesetzt, anfangs jedoch noch im Rahmen eines militärischen Projekts der amerikanischen Regierung. Erst seit den 1990er-Jahren ist diese Technik nicht mehr geheim und kann nun der Astronomie dabei helfen, das Universum schärfer in den Blick zu bekommen, ohne dass wir die Atmosphäre der Erde verlassen müssen.

68

M87*

Das Unsichtbare wird sichtbar

Am 10. April 2019 fügte die Astronomie der Galaxie M87 einen Stern hinzu. Allerdings keinen Himmelskörper, sondern einen Asterisk, also das typografische Zeichen eines Sterns. Mit dem Namen »M87*« wurde ein Objekt bezeichnet, dessen Bild an diesem Tag das erste Mal der Öffentlichkeit präsentiert wurde: ein Schwarzes Loch.

Dabei sind Schwarze Löcher eigentlich per Definition nicht zu sehen. In ihrer Umgebung ist die Gravitationskraft so stark und der Raum so enorm gekrümmt, dass weder Licht noch sonst irgendetwas von dort entkommen kann. Sie sind so schwarz, wie etwas nur schwarz sein kann, und absolut nichts von ihnen gelangt nach draußen.

Das gilt jedoch nicht für ihre Umgebung. Wenn Material in einem Schwarzen Loch verschwindet, tut es das nicht unbemerkt. Zuerst wird es durch die Anziehungskraft enorm stark beschleunigt und wirbelt um das Loch herum. Es bildet sich eine Scheibe aus Gas und Staub, in der das Material extrem aufgeheizt wird und zu leuchten beginnt. Unter anderem gibt es Radiowellen ab – und genau die hat man schon im Jahr 1932 im Zentrum unserer eigenen Galaxie beobachten können.

1974 gab der englische Astronom Robert Brown dieser Radioquelle im Zentrum der Milchstraße den Namen »Sagittarius A*«. Vom Sternbild Schütze, in dem die galaktische Mitte am Himmel zu finden ist, stammt die Bezeichnung »Sagittarius«. Der Buchstabe »A« steht für die erste Radioquelle, die man dort entdeckt hat. Und der »*« stammt aus der Nomenklatur der Physik, wo man damit bestimmte Zustände von Atomen bezeichnet. Nimmt ein Atom eine ausreichende Menge an Energie auf, dann kann es Strahlung abgeben – und etwas in dieser Art, dachte Brown, müsse im großen Maßstab auch im Zentrum der Milchstraße stattfinden.

Heute wissen wir, dass Sagittarius A* ein Supermassereiches Schwarzes Loch ist, mehr als 4 Millionen mal schwerer als die Sonne, aus dessen Umgebung jede Menge Radiostrahlung ins All abgegeben wird. Diese Objekte findet man auch in den Zentren anderer Galaxien, darunter auch die 54 Millionen Lichtjahre entfernte Riesengalaxie Messier 87 (M87). Auf deren Zentrum war im April 2017 auch das Event Horizon Telescope gerichtet. Dieser weltweite Verbund von Radioteleskopen beobachtete M87 von unterschiedlichen Positionen überall auf der Erde. Die gesammelten Daten konnten so kombiniert werden, um ein mehrere Tausend Kilometer großes virtuelles Teleskop zu simulieren. Groß genug, um das Zentrum der Galaxie im Detail sehen zu können.

Nach monatelanger Computeranalyse entstand eine visuelle Darstellung der von dort ausgehenden Radiostrahlung. Man sieht einen hellen Ring aus starkem »Radiolicht«, in dessen Mitte sich eine dunkle Region befindet. Das ist der »Schatten« des Supermassereichen Schwarzen Lochs, das von einer hell leuchtenden Scheibe umgeben ist. Das erste Mal ist es gelungen, ein Schwarzes Loch nicht nur mathematisch-theoretisch zu beschreiben oder es über seine Auswirkungen auf die Umgebung indirekt zu beobachten, sondern es direkt abzubilden. Oder zumindest das, was sich von einem Schwarzen Loch physikalisch abbilden lässt: den dunklen Bereich, aus dem nichts mehr entkommen kann.

Mit diesem Bild hat eine neue Phase in der Astronomie begonnen. Ein weiteres Mal ist es gelungen, das Unsichtbare sichtbar zu machen. Das, was bisher nur in künstlerischen Darstellungen und Computersimulationen zu sehen war, kann nun direkt untersucht werden. Die Analyse der Bilder wird uns vielleicht auch endlich verraten, wie diese extremen Himmelskörper entstehen. Das Schwarze Loch im Zentrum von M87 hat die 6,5-Milliarden-fache Masse der Sonne. Es kann keine Sterne geben, die so groß sind, dass sie am Ende ihres Lebens zu einem solch gewaltigen Schwarzen Loch kollabieren. Entweder entstehen Schwarze Löcher dieser Dimension also durch die Verschmelzung vieler kleinerer Schwarzer Löcher. Oder es gibt einen völlig anderen Mechanismus, den wir bis jetzt noch nicht verstanden haben.

Vielleicht erlaubt uns die direkte Beobachtung der Schwarzen Löcher darüber hinaus auch endlich, die Fundamente der Physik zu erweitern. Wir wissen schon lange, dass wir mit den bestehenden Theorien nicht in der Lage sind, Schwarze Löcher komplett zu beschreiben. Sowohl die Relativitätstheorie als auch die Quantenmechanik stoßen dort angesichts der extremen Phänomene an ihre Grenzen. Wir brauchen eine Kombination beider Theorien, und die Beobachtungsdaten, die nun vorliegen, könnten uns Anhaltspunkte liefern, wie eine solche Theorie aussehen könnte und zu erreichen ist.

Das Supermassereiche Schwarze Loch im Zentrum von M87 erhielt analog zu Sagittarius A* zuerst die Bezeichnung »M87*«. Aber ein Objekt, das im Zentrum einer solchen astronomischen Revolution steht, braucht mehr als nur eine Kombination aus Zahlen und Buchstaben. Deswegen erhielt es kurz nach seinem ersten Fototermin den inoffiziellen Namen »Pōwehi«. Der stammt aus der hawaiianischen Mythologie und bedeutet »Geschmückte dunkle Quelle der unendlichen Schöpfung«. (Da behaupte noch einmal jemand, Naturwissenschaftler hätten keinen Sinn für Poesie …) Mit der Schöpfung hat das Schwarze Loch vermutlich eher wenig zu tun. Aber eine »dunkle Quelle« neuen und revolutionären Wissens ist es auf jeden Fall.

(69)

KIC 11145123

Der rundeste Stern im Universum

Der Stern mit der Bezeichnung KIC 11145123 ist 4000 Lichtjahre von der Erde entfernt. Es handelt sich um einen blauen Riesenstern mit einem Radius von 1,5 Millionen Kilometern. Damit ist er mehr als doppelt so groß wie unsere Sonne. Und er ist der rundeste Stern, den wir bis jetzt beobachtet haben.

Natürlich sind alle Sterne große, runde Kugeln aus heißem Gas. Sie rotieren aber auch um ihre Achse, und dadurch entsteht eine Fliehkraft, die den Stern ein klein wenig zusammendrückt. Die Distanz vom Mittelpunkt der Sonne bis zu ihrem Äquator ist zum Beispiel 10 Kilometer länger als die Strecke vom Mittelpunkt bis zu einem ihrer Pole. Das ist nicht viel, aber KIC 11145123 ist noch sehr viel runder. Trotz seiner enormen Größe beträgt dieser Unterschied bei ihm nur drei Kilometer.

Das wirft zwei Fragen auf: Warum ist das so? Und wie, um Himmels willen, lässt sich so etwas messen? Die Antworten darauf lauten: »Das wissen wir noch nicht so genau« und: »Mit Asteroseismologie«. Asteroseismologie ist eine höchst erstaunliche Wissenschaft – sie erlaubt es uns, aus der Ferne das Innere von Sternen zu erforschen. Sie funktioniert ein wenig so wie die Erdbebenforschung auf der Erde. Wenn hier tektonische Vorgänge die Erde zum Beben bringen, dann laufen Wellen durch unseren Planeten und werden an den verschiedenen Schichten abgelenkt und reflektiert; je nachdem wie dicht das Gestein oder Metall im Inneren der Erde ist, breiten sich die Wellen schneller oder langsamer aus.

Durch die Analyse solcher Wellen haben wir heute eine sehr genaue Vorstellung vom inneren Aufbau unseres Planeten. Sterne sind allerdings keine Festkörper, und sie sind viel weiter weg. Wir können keine Messgeräte auf ihrer Oberfläche installieren, sondern sie nur aus der Ferne beobachten und müssen die Methode daher an die veränderten Bedingungen anpassen.

Dazu nutzen Astronominnen und Astronomen die Tatsache, dass gasförmige Sterne ständig in Bewegung sind. Die Energie, die in ihnen erzeugt wird, heizt die Sterne auf und lässt die Gasmasse hin und her strömen. Es entstehen Dichtewellen, die sich ausbreiten und an der Sternoberfläche reflektiert und zurück ins Innere geleitet werden. Der ganze Stern schwingt wie eine angeschlagene Glocke.

Direkt beobachten lässt sich das natürlich nicht. Aber die Schwingungen haben einen direkten Einfluss auf die Form des Sterns, und das führt zu kleinen Veränderungen in seiner Helligkeit. Beobachtet man die Helligkeitsschwankungen eines Sterns also lang und genau genug, kann man daraus berechnen, auf welche Weise er schwingt. Das wiederum lässt Rückschlüsse auf die Dichte und die Temperatur des Materials in seinem Inneren zu und natürlich auch auf Eigenschaften wie seine Größe. So wie eine große Glocke anders schwingt und klingt, zeigen auch Sterne je nach Durchmesser unterschiedliche Schwingungen.

Außerdem sind manche Schwingungsarten am Äquator eines Sterns stärker, manche dafür in der Nähe der Pole. Vergleicht man ihre Stärke, kann man den Durchmesser und die Abflachung eines Sterns sehr exakt bestimmen – und genau das ist 2016 bei KIC 11145123 gelungen. Das Weltraumteleskop Kepler hat seine Helligkeitsschwankungen mehr als vier Jahre lang beobachtet, um ausreichend viele Daten sammeln zu können. Jetzt wissen wir, dass dieser Stern so rund ist wie kein anderer. Noch nicht geklärt ist jedoch, warum das so ist.

Ein möglicher Grund ist sicherlich, dass er sehr langsam rotiert; dreimal langsamer als unsere Sonne, die knapp 27 Tage für eine Drehung um ihre Achse braucht. Aber auch bei diesem Rotationstempo sollte KIC 11145123 eine stärkere Abflachung zeigen als die, die man errechnet und beobachtet hat. Man vermutet, dass es etwas mit den Eigenschaften seines Magnetfelds zu tun hat. Da das Gas eines Sterns elektrisch geladen ist, wird seine Form nicht nur durch die Rotation beeinflusst, sondern auch durch die Stärke des Magnetfeldes. Die wiederum hängt von der Art und Weise ab, wie die elektrisch geladene Materie sich in ihm bewegt. Und all das hat Auswirkungen auf die Schwingungen, die möglich sind.

Ohne die Asteroseismologie hätten wir kaum eine Chance, all diese Vorgänge im Inneren von Sternen zu untersuchen. Sie ist ein perfektes Beispiel dafür, wie unterschiedliche Wissenschaftszweige einander ergänzen und inspirieren können, um ausgetretene Pfade zu verlassen und neue Methoden zu entwickeln

70

Morgenstern

Lichtbringer in Verkleidung

Der Morgenstern ist nicht nur gleichzeitig auch der Abendstern, sondern genau genommen gar kein Stern. Der Begriff »Morgenstern« bezeichnet ganz allgemein den Himmelskörper, der kurz vor Sonnenaufgang beziehungsweise kurz nach Sonnenuntergang mit bloßem Auge als hellstes Objekt am Himmel zu sehen ist. Konkret handelt es sich dabei fast immer um die Venus.

Unser Nachbarplanet umkreist die Sonne innerhalb der Erdbahn. Von uns aus gesehen kann er sich daher auch nie allzu weit von der Sonne entfernen; der Winkel zwischen den beiden am Himmel kann maximal 47 Grad betragen. Verschwindet die Sonne am Abend hinter dem Horizont, muss die Venus bald folgen, und ist der Planet morgens zu sehen, dauert es nicht lange, bis er vom hellen Tageslicht überstrahlt wird. Wenn unser Nachbar im All aber sichtbar ist, kann man ihn kaum übersehen. Die dicke Wolkenschicht, in die die Venus ständig gehüllt ist, reflektiert mehr als drei Viertel des auftreffenden Sonnenlichts und lässt sie hell in der Nacht strahlen.

Nur Sonne und Mond leuchten noch heller, und der »Morgenstern« hat daher genau wie die beiden im Laufe der Zeit einiges an religiöser und mythologischer Bedeutung aufgesogen. Im antiken Griechenland nannte man ihn »Eosphoros« oder »Phosphoros«, also »Bringer der Morgendämmerung« beziehungsweise »Lichtbringer«. Er war der Sohn von Eos, der Göttin der Morgenröte, und Astraios, dem Gott der Abenddämmerung. Die Bezeichnung »Luzifer« für den gefallenen Engel und Gegenspieler Gottes ist eine direkte lateinische Übersetzung des Wortes »Lichtbringer« und dürfte ihre Wurzeln in der römischen Mythologie haben. Ihr Zusammenhang mit dem Morgenlicht wird sogar noch in der Bibel referenziert: »Ach, du bist vom Himmel gefallen, du strahlender Sohn der Morgenröte.« (Jesaja 14,12). In der christlichen Darstellung wird zudem Jesus oft als »Morgenstern« bezeichnet.

Die astronomischen Fakten hinter der Mythologie waren aber auch damals schon lange bekannt. Der griechische Mathematiker Pythagoras von Samos (allen Schulkindern durch seinen Satz über Dreiecke bekannt) soll der Erste gewesen sein, der erkannte, dass es sich bei Morgen- und Abendstern um denselben Himmelskörper handelt.

Ob die Venus morgens oder abends am Himmel zu sehen ist, hängt davon ab, wo sie sich entlang ihrer Bahn gerade befindet. Steht sie westlich der Sonne, dann geht sie vor ihr auf, und man kann sie ungefähr ein halbes Jahr lang als Morgenstern beobachten. Danach nähert sie sich der Sonne, von der Erde aus gesehen, so sehr an, dass sie nicht mehr zu sehen ist, und verschwindet später für ungefähr drei Monate ganz hinter dem Stern. Erst danach taucht sie östlich der Sonne wieder auf, diesmal am Abendhimmel und ebenfalls für etwa ein halbes Jahr. Dann zieht sie von uns aus gesehen vor der Sonne vorbei und wird wieder unsichtbar. Dieses Wechselspiel wiederholt sich mit einer Periode von etwa 19 Monaten.

Wenn Menschen heute die Venus als Morgen- oder Abendstern am Himmel sehen, dann assoziieren sie keine mythischen Götter mehr damit. Für Verwirrung sorgt sie aber trotzdem häufiger, als man vielleicht hoffen würde: Immer wenn die Venus nach längerer Abwesenheit wieder ihre Rolle als

»Lichtbringer« am Abend- oder Morgenhimmel einnimmt, häufen sich an den Sternwarten die Anrufe von aufgeregten Menschen, die von UFO-Sichtungen berichten …

71

OGLE-2003-BLG-235/MOA-2003-BLG-53

Besser sehen mit Sternenlinsen

OGLE-2003-BLG-235/MOA-2003-BLG-53 – mit dieser Bezeichnung für einen extrem schwach leuchtenden Stern im Sternbild Schütze hat es die Astronomie wirklich ein klein wenig übertrieben. Aber es gibt tatsächlich einen guten Grund für diese unansehnliche Kombination aus Buchstaben und Zahlen, und der hat mit dem Planeten zu tun, der den Stern umkreist.

Im Juli 2003 hatte man ihn dort als ersten Planeten mit einer völlig neuen Methode entdeckt. Normalerweise benutzt man in der Astronomie Teleskope, die Linsen oder Spiegel verwenden, um das Licht der Sterne zu sammeln. In diesem Fall aber war die Linse ein fast 20 000 Lichtjahre entfernter Stern.

Der Weg zu dieser neuen Methode war lang und verschlungen. Fast hundert Jahre zuvor hatte Albert Einstein seine Allgemeine Relativitätstheorie veröffentlicht, in der er erklärte, dass der Raum durch die Anwesenheit von massereichen Objekten gekrümmt werden kann. Darüber hinaus folgt jedes Objekt bei seiner Bewegung dieser Raumkrümmung, was wir als Gravitationskraft wahrnehmen. Aber auch Licht wird davon beeinflusst; ein Lichtstrahl, der in der Nähe eines massereichen Objekts vorbeifliegt, wird durch den gekrümmten Raum abgelenkt. Das wurde auf spektakuläre Art und Weise durch Positionsmessungen an Sternen während einer Sonnenfinsternis im Jahr 1919 bestätigt. Und hat der Astronomie eine völlig neue Art der Beobachtung ermöglicht.

Die Linsen und Spiegel in den Teleskopen dienen dazu, Lichtstrahlen ab- und in bestimmte Richtungen umzulenken. Nichts anderes tut aber auch jede Masse im Raum. Sie kann als »Gravitationslinse« wirken und Dinge sichtbar machen, die ansonsten unsichtbar wären. Wenn wir zum Beispiel einen fernen Stern betrachten, dann sehen wir ja nichts anderes als den Teil seiner Lichtstrahlen, die er genau in unsere Richtung abstrahlt. Sollte jetzt zufällig ein anderer Stern (die Linse) von uns aus gesehen vor dem ersten Stern (der Quelle) vorüberziehen, dann ändert sich die Krümmung des Raums, den das Licht der Quelle durchqueren muss. Ein Teil davon wird durch die Anwesenheit der Linse abgelenkt und kann so zusätzlich zu dem normalen Licht ebenfalls in Richtung Erde strahlen. Die Quelle leuchtet also für einige Zeit heller als sonst, und erst wenn der Linsen-Stern weit genug vorübergezogen ist, pendelt sich seine Helligkeit wieder auf ihr normales Maß ein.

Solche »Gravitationslinsenereignisse« kann man immer wieder am Himmel beobachten. Oft wird dabei das Licht ganzer Galaxien so abgelenkt, dass wir Doppel- oder Mehrfachbilder sehen; manche Galaxien werden durch die Anwesenheit einer Gravitationslinse zu Kreisbögen oder Ringen verschmiert. Richtig interessant wird es aber, wenn es sich bei der Linse um einen Stern handelt, der von einem Planeten umkreist wird. Zieht ein solches Objekt von uns aus gesehen vor einem anderen Stern vorüber, dann sorgt nicht nur die Linse für einen Helligkeitsanstieg der Quelle, sondern zusätzlich auch noch der Planet. Der Effekt ist nur minimal, aber mit ausreichend guten Teleskopen messbar. Und aus der Helligkeitsveränderung der Quelle lassen sich dann die Eigenschaften des Planeten beim Linsen-Stern berechnen.

Es gibt nur ein Problem an der Methode: So ein Gravitationslinsenereignis ist eine einmalige Sache. Die beiden beteiligten Sterne haben nichts miteinander zu tun, sie können weit voneinander entfernt sein und stehen nur zufällig von der Erde aus gesehen in einer Linie. Sobald sich der Linsen-Stern weit genug bewegt hat, ist das Ereignis vorbei und wiederholt sich nicht. Kann man die Beobachtung aber nicht wiederholen, ist es schwer, die Entdeckung eines Planeten zu bestätigen.

Deswegen haben in diesem Fall zwei unterschiedliche Gruppen den Himmel nach Gravitationslinsenereignissen abgesucht: ein Team aus Polen, die OGLE-Kollaboration (Optical Gravitational Lensing Experiment), und die australische MOA-Gruppe (Microlensing Observations in Astrophysics). Beide konnten zur gleichen Zeit beim gleichen Stern die gleiche Veränderung beobachten und kamen zu dem gleichen Schluss: Der Linsen-Stern muss von einem Planeten mit der ungefähr 2,5-fachen Masse des Jupiters umkreist werden. Und weil beide Teams beteiligt waren, hat der Stern dann eben auch nicht nur einen Namen bekommen, sondern eine Kombination aus den jeweils verwendeten Katalogbezeichnungen des OGLE- und des MOA-Teams – auch wenn der Name zugegebenermaßen ein wenig unhandlich ist.

72

Orion Source I

Ein ziemlich versalzener Stern

Das Universum ist versalzen. Zumindest in der Nähe des Sterns mit dem Namen Orion Source I. In der Umgebung dieses 1300 Lichtjahre entfernten Himmelskörpers im Sternbild Orion hat man tatsächlich große Mengen an Natriumchlorid entdeckt. Also ganz normales Kochsalz, wie es auch in jeder Küche zu finden ist. Aber wie kommt das dorthin, und wie kann man so etwas überhaupt entdecken?

Die Antwort auf die zweite Frage lautet: mit dem Atacama Large Millimeter/submillimeter Array (ALMA), einem Radioteleskop, das auf einem über 5000 Meter hohen Plateau in der chilenischen Wüste steht. Und weil Salz Radiowellen produzieren kann. Damit ist natürlich kein Radioprogramm gemeint, mit Nachrichten, Verkehrsmeldungen und den größten Hits der 80er und 90er. Sondern elektromagnetische Strahlung mit einer großen Wellenlänge. Auch das normale sichtbare Licht ist ja nichts anderes als elektromagnetische Strahlung, und die Sterne schicken ihre Energie bei allen Wellenlängen hinaus ins All. Salzteilchen sind zwar keine Sterne, aber sie können »angeregt« werden – so nennt man es, wenn ein wenig Energie von außen in ein Atom oder einen Verbund von Atomen gesteckt wird, zum Beispiel durch auftreffendes Licht eines nahen Sterns oder auch durch Kollisionen zwischen den Teilchen. Diese zusätzliche Energie wird dann nach einiger Zeit wieder abgegeben, und zwar in diesem Fall in Form von Strahlung, deren Wellenlänge im Radiobereich liegt.

Wenn sehr viele Teilchen das gemeinsam tun, reicht die Strahlung aus, um von Teleskopen hier auf der Erde gemessen zu werden. Und da unterschiedliche Verbindungen von Atomen je nach Zusammensetzung eine ganz charakteristische Art von Strahlung produzieren, konnte man mit Radioteleskopen herausfinden, dass irgendwo da draußen im Weltall Salz herumfliegt. Und nicht nur Salz – man hat auch schon Zucker gefunden, Alkoholmoleküle und jede Menge andere erstaunlich komplexe Verbindungen von Atomen.

Sie entstehen, wie auch bei Orion Source I, in einer sogenannten »protoplanetaren Scheibe«. Damit ist all das Material gemeint, das bei der Entstehung eines Sterns aus einer großen kosmischen Wolke aus Gas und Staub noch übrig bleibt. Es sammelt sich in einer Scheibe um den jungen Stern und ist das Material, aus dem sich später Planeten bilden können. Dort flitzen jede Menge Atome herum, hauptsächlich Wasserstoff und Helium, die häufigsten Elemente im Universum, aber auch diverse andere Stoffe, unter anderem Natrium und Chlor. Im Allgemeinen ist zu viel Platz im Weltall, als dass man mit einem zufälligen Zusammentreffen zweier solche Atome und einer Verbindung zwischen ihnen rechnen könnte. Aber in einer protoplanetaren Scheibe gibt es neben den Atomen auch noch kleinste Staubteilchen, die schon in der langen Zeit zuvor entstanden sind, als die kosmische Wolke nur eine Wolke war und kein junger Stern. An diesen Staubteilchen können sich einzelne Atome anlagern und im Laufe der Zeit miteinander verbinden.

Bei Orion Source I ist auf diese Weise eine Menge Salz (neben Natriumchlorid auch noch Kaliumchlorid und andere Salzarten) entstanden, die dem Salz in sämtlichen Ozeanen der irdischen Meere entspricht. Es ist allerdings noch nicht ganz klar, wie genau sich das Salz gebildet hat. Bis zur Entdeckung des versalzenen Sterns im Jahr 2019 ist man nämlich davon ausgegangen, dass die Bedingungen in einer typischen protoplanetaren Scheibe für die Entstehung von Salzteilchen nicht geeignet sind. Vielleicht ist Orion Source I einfach nur ein extrem untypischer Fall. Vielleicht finden wir in Zukunft aber auch noch andere junge und versalzene Sterne und müssen unsere Vorstellungen über protoplanetare Scheiben entsprechend revidieren.

73

Lich

Die Geisterplaneten eines toten Sterns

Als der polnische Astronom Aleksander Wolszczan im Jahr 1992 auf drei Planeten stieß, die den Stern mit dem Namen »Lich« umkreisten, waren seinen Kolleginnen und Kollegen verwirrt. Eigentlich hätte man sich ja freuen sollen. Immerhin war man schon seit langer Zeit auf der Suche nach extrasolaren Planeten, also Planeten, die andere Sterne umkreisen, und jetzt hatte man endlich welche gefunden. Aber Lich war kein normaler Stern, und die Fachwelt war sich nicht sicher, ob man das, was ihn umkreiste, wirklich als »Planeten« bezeichnen sollte.

Das Wort »Lich« stammt aus dem Altenglischen und bedeutet »Leiche« und ist der perfekte Name für den Himmelskörper, um den es hier geht. Es handelt sich um einen toten Stern, einen sogenannten »Pulsar«. Früher einmal befand sich in knapp 2300 Lichtjahre Entfernung von der Erde ein großer Stern mit sehr viel mehr Masse als unsere Sonne. Als ihm der Brennstoff für die Kernfusion ausging, ist er unter seinem eigenen Gewicht in sich zusammengefallen. Es entstand ein Neutronenstern, der auf nur noch 10 bis 20 Kilometer Durchmesser ungefähr die gleiche Masse wie unsere Sonne in sich zusammenquetscht. Ein Neutronenstern rotiert extrem schnell und regelmäßig, und manche davon geben in regelmäßigen Abständen elektromagnetische Wellen ins All ab. Ihr durch die schnelle Rotation verwirbeltes Magnetfeld lenkt die Strahlung wie bei einem Leuchtturm in zwei »Lichtkegeln« hinaus ins All, die man allerdings nur mit Radioteleskopen sehen kann. Die regelmäßige Rotation sorgt dabei für ein sehr regelmäßiges »Blinken«.

Aleksander Wolszczan aber entdeckte, dass dieses Blinken bei Lich nicht ganz so regelmäßig war, wie zu erwarten wäre. Es gab kleine Abweichungen, die etwa entstehen können, wenn andere Himmelskörper in der Nähe sind und den Neutronenstern mit ihrer Gravitationskraft ein wenig zum Wackeln bringen. Eine genaue Analyse der Signale zeigte, dass es sich in diesem Fall um drei Objekte handeln musste. Eines davon war ein wenig leichter als die Erde, die beiden anderen hatten in etwa die vierfache Masse unseres Planeten. Der Befund war damit klar: Lich wird von drei Planeten umkreist.

Nur sollten dort eigentlich keine Planeten zu finden sein. Der Kollaps eines großen Sterns zu einem winzigen Pulsar geht mit einer gewaltigen Explosion einher. Bei einer solchen Supernova müssten alle Himmelskörper zerstört werden, die den Stern zuvor umkreist haben. Wie so eine »Leiche« zu neuen Planeten kommen kann, war demnach vollkommen unklar. Und ist auch heute noch nicht vollständig geklärt. Eine mögliche Erklärung geht davon aus, dass bei der Supernova vielleicht genug Trümmer, Gas und Staub übrig geblieben sind, um daraus ein zweites Mal einige Planeten zu bilden. Auch sie wären dann also quasi nur »Geister« des früheren Planetensystems. Diese Idee griffen Mitglieder des Planetariums Südtirol auf, als die Internationale Astronomische Union im Jahr 2015 einen Wettbewerb zur Benennung fremder Planeten und ihrer Sterne ausschrieb. Man wählte »Lich« als Namen für den Stern und benannte die drei Planeten mit »Draugr«, »Poltergeist« und »Phobetor« nach diversen Geistern und untoten Kreaturen.

In der Astronomie hat man sich inzwischen weitestgehend darauf geeinigt, die Entdeckung von Aleksander Wolszczan nicht als die erste Beobachtung extrasolarer Planeten zu betrachten. Immerhin war Lich kein echter Stern, sondern nur der letzte Rest, der nach dem Tod eines Sterns übrig blieb. Man hat in den Jahrzehnten danach auch nur zwei weitere Pulsare entdecken können, die von »Geisterplaneten« umkreist werden. Die Entstehung solcher Himmelskörper scheint also ein sehr seltenes und untypisches Ereignis zu sein.

Auf die Entdeckung echter extrasolarer Planeten musste man nach Wolszczans Fund aber dennoch nicht mehr lange warten. Drei Jahre später wurde beim sonnenähnlichen Stern 51 Pegasi ein »richtiger« Planet gefunden, und mittlerweile kennen wir Tausende dieser Himmelskörper. Die Geisterplaneten der toten Sterne werden von Astronominnen und Astronomen allerdings weiterhin erforscht. Denn auch wenn sie uns nicht viel über normale Sonnensysteme sagen können, dann können wir dank ihnen doch den Tod von Sternen und Planeten ein wenig besser verstehen.

74

S0-102

Der Stern am Rande des Abgrunds

S0-102 ist der Extremsportler unter den Sternen. Er saust so schnell wie kein anderer um das Zentrum unserer Milchstraße. Und hat uns dabei geholfen zu verstehen, was für ein erstaunliches Objekt sich dort befindet. Denn mitten im Herz der Milchstraße sitzt ein Supermassereiches Schwarzes Loch, das 4 Millionen Mal schwerer als die Sonne ist.

Die Existenz solcher gigantischen Objekte hatte man schon länger vermutet. Aber erst die genaue Beobachtung der Sterne in der Nähe des galaktischen Zentrums hat diese Vermutung ohne jeden Zweifel bestätigt. Unsere Milchstraße kann man sich in erster Näherung als Scheibe vorstellen, in deren Mitte eine große Kugel sitzt. In der Scheibe sind die Sterne in Spiralarmen angeordnet, und dort befindet sich auch unsere Sonne. Das Zentrum jedoch befindet sich im sogenannten »Bulge«, einer kugelförmigen Region mit einer Ausdehnung von etwa 10 000 Lichtjahren. Dort gibt es sehr viel mehr Sterne als in den Spiralarmen, und sie drängen sich viel dichter zusammen. Und genau in der Mitte all dieser Sterne sitzt das zentrale Supermassereiche Schwarze Loch.

An dieser Stelle befindet sich auch der Stern mit dem Namen S0-102, der zusammen mit einer Gruppe anderer Sterne in erstaunlich kurzer Zeit um das Zentrum herumrast. Um sich einmal komplett durch die gesamte Milchstraße zu bewegen, braucht unsere Sonne ungefähr 220 Millionen Jahre. S0-102 schafft eine Runde um das zentrale Schwarze Loch in nur 11,5 Jahren, wie die amerikanische Astronomin Andrea

Ghez und ihre Kollegen im Jahr 2012 entdeckten. Er ist damit schneller als jeder andere dort bekannte Stern – und damit auch eine extrem wertvolle Informationsquelle.

Denn im Gegensatz zu einem Schwarzen Loch selbst, das ja gerade deswegen »schwarz« genannt, weil von dort nichts, auch kein Licht entkommen kann, lässt sich so ein Stern recht gut beobachten. Aus der Bewegung von S0-102 lassen sich einige der Eigenschaften des Schwarzen Lochs ableiten. Sterne wie S0-102 waren es überhaupt erst, dank denen wir zweifelsfrei wissen, dass es dort so ein Schwarzes Loch geben muss.

Je näher ein Stern dem Objekt ist, das er umkreist, desto schneller tut er das. Hier gelten die gleichen Gesetze, die auch die Bewegung von Planeten um einen Stern bestimmen. Und so, wie man aus der Bewegung der Planeten berechnen kann, wie schwer der Stern ist, den sie umkreisen, kann man anhand der Umlaufbahnen von Sternen wie S0-102 auch bestimmen, wie schwer das Ding sein muss, um das herum sie sich bewegen. Schon Ende der 1990er-Jahre hat man aus der Beobachtung anderer Sterne, die ähnlich nah am Zentrum vorbeifliegen, berechnet, dass sich dort ein extrem massereiches Objekt befinden muss. Und aus der Größe der Umlaufbahn erhielt man auch eine Obergrenze für dessen mögliche Ausdehnung.

Das Resultat: Im Zentrum der Milchstraße war so viel Masse auf so wenig Raum gedrängt, dass es sich eigentlich nur um ein Schwarzes Loch handeln kann. Als dann auch noch S0-102 seine Runde um den galaktischen Mittelpunkt vollendet hatte, ließ die Auswertung der Daten keinen Zweifel mehr zu. Mit nun zwei vollständig beobachteten Umlaufbahnen konnten Ghez und ihre Kollegen die Masse des Schwarzen Lochs auf 4,1 Millionen Sonnenmassen festlegen.

Im Zentrum der Milchstraße sitzt also ein unvorstellbar

massereiches Schwarzes Loch – so viel ist klar. Ebenso haben wir mittlerweile Gewissheit darüber, dass auch in den Zentren aller anderen großen Galaxien solche Objekte zu finden sind. Wir wissen allerdings noch nicht, wie Schwarze Löcher mit derart gigantischen Massen überhaupt entstehen können. Auf jeden Fall nicht wie die »normalen« Schwarzen Löcher durch den Kollaps eines Sterns, denn so gewaltige Sterne kann es nicht geben.

Sterne wie S0-102 können sich daher auch weiterhin der astronomischen Aufmerksamkeit gewiss sein. Sie werden uns in Zukunft mit Sicherheit noch dabei helfen, das eine oder andere Geheimnis zu lüften. Sofern sie dem Schwarzen Loch nicht zu nahe kommen und von ihm verschluckt werden …

75

GRB 010119

Quantengravitation und Plancksterne

Die Wissenschaft hat ein großes Problem. Ihre zwei erfolgreichsten Theorien zur Beschreibung des Universums passen nicht zusammen. Da ist die Allgemeine Relativitätstheorie, die verwendet wird, um die großen Strukturen des Kosmos und die Entwicklung des gesamten Universums vom Urknall bis heute zu beschreiben. Und es gibt die Quantenmechanik, die erklärt, wie sich die grundlegenden Bausteine der Materie verhalten. Beide Theorien sind höchst erfolgreich und wurden bei unzähligen Experimenten immer wieder bestätigt. Aber wir wissen, dass sie Grenzen haben.

Die Quantenmechanik ist nicht in der Lage, die Gravitationskraft zu beschreiben, und die Relativitätstheorie kann nicht auf die Quantenwelt der Elementarteilchen angewandt werden. Noch viel schlimmer: Wir wissen auch, dass es gewisse Phänomene gibt, bei denen zwingend beide Theorien berücksichtigt werden müssen. Zum Beispiel wenn es um Schwarze Löcher geht oder um die Frühphase des Universums nach dem Urknall. In beiden Fällen haben wir es mit extrem massereichen Objekten zu tun, für die die Relativitätstheorie zuständig ist. Es handelt sich aber auch um Vorgänge, die auf extrem kleinem Raum stattfinden und damit in die Zuständigkeit der Quantenmechanik fallen.

Für sich allein genommen ist keine der beiden großen Theorien in der Lage, diese Phänomene korrekt zu beschreiben. Und trotz jahrzehntelanger Arbeit ist es noch nicht gelungen, beide Beschreibungen der Realität in Einklang zu bringen. Eine »Theorie der Quantengravitation« konnte noch nicht gefunden werden.

Es gibt natürlich jede Menge Ideen und Vermutungen, wie so eine Theorie aussehen könnte. Vielleicht sind Raum und Zeit nicht, wie in der Relativitätstheorie beschrieben, kontinuierliche Phänomene. Vielleicht gibt es kleinste »Raumstücke«; Bausteine quasi, aus denen der gesamte Raum zusammengesetzt ist. Und ebenso wie Raum nicht beliebig klein werden kann, könnte es auch eine kürzestmögliche Zeiteinheit geben. Das zumindest behaupten die theoretischen Physikerinnen und Physiker, die der sogenannten »Schleifenquantengravitation« anhängen. Sie stellen sich ein Universum vor, das aus einem Netzwerk von Linien und Knoten zusammengesetzt ist; der Raum ist in dieser Beschreibung kein kontinuierliches Etwas, sondern wie ein Stück Stoff aus »Maschen« quasi zusammengewebt. Und es kann dann definitionsgemäß auch nichts geben, was kleiner als diese fundamentalen Einheiten des Raums ist.

Mit diesem Ansatz könnte man vielleicht das Problem der Schwarzen Löcher lösen. Ein Schwarzes Loch entsteht, wenn ein großer Stern am Ende seines Lebens unter seinem eigenen Gewicht in sich zusammenfällt. Ist der Stern massereich genug, kennen wir derzeit keine Kraft, die diesen Vorgang aufhalten kann. Nach unserem jetzigen Kenntnisstand ist das Resultat des Kollaps ein unendlich kleines Ding, das die gesamte Masse des Sterns in sich vereint. So eine »Singularität« kann es in der Realität nicht geben; im echten Universum werden Objekte nicht unendlich klein. Um das Phänomen vernünftig zu verstehen, brauchen wir eine neue Theorie. Die Schleifenquantengravitation schlägt vor, dass so ein Stern zwar tatsächlich extrem stark komprimiert wird. Aber eben nicht unendlich weit – denn nichts kann kleiner als die fundamentalen Bausteine des Raums werden. Dadurch übt die Struktur des Kosmos selbst eine unaufhaltbare Kraft aus, die den Kollaps des Sterns verhindert.

Das, was dann entsteht, wird »Planckstern« genannt, nach Max Planck, dem Begründer der Quantenmechanik. Ob es so etwas wirklich gibt, wissen wir nicht. Aber wenn es Plancksterne gibt, dann müssen sie irgendwann auch wieder verschwinden. Denn der kollabierende Stern wird nicht zu einer Singularität, sondern prallt sozusagen an den kleinsten Raumeinheiten ab und zurück. Ein solches Ereignis könnte für uns aussehen wie eine sehr kurze, sehr gewaltige Explosion.

Und tatsächlich beobachten wir solche Phänomene. Immer wieder leuchten im Universum sogenannte »Gammablitze« auf, extrem helle Lichtquellen, die quer durch den gesamten

Kosmos strahlen. Die meisten davon werden durch normale Sterne verursacht, die am Ende ihres Lebens explodieren oder miteinander kollidieren. Aber die ganz besonders kurzen Gammablitze könnten rein theoretisch auch von Planckster-nen stammen.

GRB 010119 ist einer dieser sehr kurzen Gammablitze. Er leuchtete am 19. Januar 2001 nur für 0,2 Sekunden am Himmel auf. Trotz intensiver Suche konnte kein Nachleuchten gefunden werden; die Stelle, an der der Blitz kurz zu sehen war, blieb dunkel und leer. Das ist genau das Verhalten, das man von einem Planckstern erwarten würde. Aber natürlich trotzdem noch lange kein Beweis für die Existenz dieser extremen Himmelskörper. Die oben erwähnten konventionellen Erklärungen würden sich in diesem Fall genauso anwenden lassen. Die Suche nach der Quantengravitation wird also auf jeden Fall weitergehen. Diese große Frage der Wissenschaft braucht dringend eine Antwort.

76

Scholz' Stern

Beinahe-Kollision in der Steinzeit

Im Universum gibt es unvorstellbar viele Sterne. Wovon es aber noch viel mehr gibt, ist Nichts. Zwischen den Sternen ist jede Menge Platz. So viel, dass ein Zusammenstoß zwischen zwei Sternen quasi ausgeschlossen ist.

Es besteht daher auch keine Gefahr, dass unsere Sonne bei einer Kollision zerstört wird. Der Stern, der uns bis jetzt am nächsten gekommen ist, trägt die Bezeichnung »Scholz' Stern«. Er ist vor 70 000 Jahren an uns vorbeigeflogen, und es ist eigentlich ein wenig übertrieben, dieses Ereignis eine »Beinahe-Kollision« zu nennen, wenn man bedenkt, dass der geringste Abstand zwischen Sonne und Scholz' Stern damals immerhin noch 52 000 Astronomische Einheiten betrug. Mit anderen Worten: Der andere Stern war also 52 000-mal weiter von der Sonne entfernt, als es die Erde ist. Das sind 0,8 Lichtjahre – also ein mehr als ausreichend großer Sicherheitsabstand.

Der Abstand zu Scholz' Stern betrug damals zwar weniger als ein Fünftel des Abstands, der heute die Sonne von Proxima Centauri trennt, dem derzeit sonnennächsten Stern. Unsere Vorfahren in der Steinzeit dürften davon aber trotzdem eher weniger mitbekommen haben.

Denn Scholz' Stern ist ein winziger roter Zwergstern, der kaum ein Zehntel der Größe der Sonne hat. Heute befindet er sich im Sternbild Einhorn, aber er leuchtet so schwach, dass man ihn ohne großes Teleskop nicht sehen kann. Er hat auch erst im Jahr 2013 die Aufmerksamkeit der Astronominnen und Astronomen erregt. Genauer gesagt: die Aufmerksamkeit von Ralf-Dieter Scholz vom Leibniz-Institut für Astrophysik in Potsdam. Ihm war aufgefallen, dass der Stern am Himmel so gut wie keine seitliche Bewegung zeigt. Das ist normalerweise ein Anzeichen dafür, dass er sich direkt auf uns zu- oder von uns wegbewegt. Also untersuchte man seine Bewegung genauer und stellte fest, dass er sich tatsächlich direkt von der Sonne entfernt. Und vor 70 000 Jahren viel näher bei uns war. Aufgrund dieser plötzlichen Prominenz hat der Stern auch den Spitznamen »Scholz' Stern« bekommen – eine deutliche Verbesserung gegenüber der offiziellen Katalogbezeichnung WISE J072003.20-084651.2.

Rote Zwergsterne wie Scholz' Stern neigen zu plötzlichen Helligkeitsausbrüchen. Sie sind so klein, dass die gesamte Materie, aus der sie bestehen, ständig in Bewegung ist. Heißes Gas kann vom Kern des Sterns bis an die Oberfläche steigen und von dort wieder zurück bis in den Kern sinken. Diese Bewegung, die bei größeren Sternen viel schwächer ausfällt, erzeugt sehr starke Magnetfelder. Wenn die Energie in diesem Magnetfeld freigesetzt wird, kommt es zu großen Explosionen und Helligkeitsveränderungen auf dem Stern. Dabei wäre es für Scholz' Stern theoretisch möglich, die Grenze zur Sichtbarkeit für ein paar Minuten oder Stunden zu überschreiten.

Ob das wirklich so war und ob es den Menschen vor 70 000 Jahren aufgefallen wäre, ist reine Spekulation. Die »Beinahe-Kollision« zwischen der Sonne und Scholz' Stern hat zumindest historisch gesehen keinen bleibenden Eindruck hinterlassen. Aus astronomischer Sicht allerdings vielleicht doch: Es wäre möglich, dass der Stern damals mit seiner Gravitationskraft einige der vielen Kometen abgelenkt hat, die sich in den alleräußersten Bereichen des Sonnensystems aufhalten. Sie könnten auf ihren neuen Umlaufbahnen vielleicht auch der Erde nahe kommen und mit ihr zusammenstoßen. Aber das ist sehr unwahrscheinlich – und es würde außerdem noch ein paar Millionen Jahre dauern, bis diese Kometen den Weg von den hintersten Grenzen des Sonnensystems bis zur Erde zurückgelegt haben. Banale, aber zutreffende Erkenntnis – das Universum ist schlicht verdammt groß.

77

Icarus

Das Licht des fernsten Sterns

Icarus ist ein außerordentlicher Stern, zumindest wenn man ihn von der Erde aus beobachtet. Als sein Licht im Jahr 2013 das erste Mal auf den Spiegel des Hubble-Weltraumteleskops fiel, hatte es eine lange Reise hinter sich. Kaum vorstellbare 9,34 Milliarden Jahre zuvor hatte es Icarus verlassen. Damals war das Universum noch nicht einmal halb so alt wie heute.

Noch nie zuvor war es möglich gewesen, einen so weit entfernten Stern zu beobachten, und eigentlich hätte es auch gar nicht möglich sein sollen. Das Licht eines einzelnen Sterns ist viel zu schwach, um über derart gewaltige Distanzen für uns sichtbar zu sein. Dass es trotzdem gelungen ist, verdanken wir einem kosmischen Zufall.

Der ferne Stern Icarus (der offiziell die Bezeichnung »MACS J1149 Lensed Star 1« trägt) ist Teil einer ebenso fernen Galaxie. Zwischen uns und dieser Galaxie befindet sich jede Menge leerer Weltraum, aber auch jede Menge andere Objekte – zum Beispiel ein Galaxienhaufen mit der Bezeichnung MACS J1149+2223. Der war auch das eigentliche Ziel der damaligen Beobachtungen; man wollte eine Supernova untersuchen, die dort zu sehen war. Auf den dabei aufgenommenen Bildern leuchtete aber plötzlich ein anderer heller Lichtpunkt auf und wurde in den folgenden Jahren immer heller. Eine Analyse des Lichts zeigte, dass man es hier mit einem heißen, blauen Riesenstern zu tun hatte – der eigentlich gar nicht hätte sichtbar sein sollen.

Dass er es doch war, lag an der Masse des Galaxienhaufens.

So wie in Albert Einsteins Relativitätstheorie beschrieben, krümmt sie den Raum. Lichtstrahlen werden durch diese Krümmung beeinflusst und abgelenkt. Die Galaxie konnte wie eine riesige Linse wirken und so das Licht von hinter ihr liegenden Objekten verstärken. Aber auch das war noch nicht genug. Eine »Gravitationslinse« wie MACS J1149+2223 hätte das Licht eines hinter ihr liegenden Sterns gerade mal um das 50-Fache heller machen können. Das ist immer noch zu wenig, um ein Objekt wie Icarus von der Erde aus sichtbar zu machen.

Hier kam der Zufall ins Spiel. Ein Stern in einer der Galaxien des Galaxienhaufens hat sich zufällig genau zwischen uns und Icarus geschoben. So wie in einem optischen Teleskop, in dem man Linsen oder Spiegel kombiniert, um seine Leistung zu erhöhen, kann das auch bei den Linsen aus Raumzeit funktionieren. In diesem Fall wirkte die große Gravitationslinse des Galaxienhaufens mit der kleinen Linsenwirkung des einzelnen Sterns genau so zusammen, dass das Licht von Icarus um das 2000-Fache verstärkt werden konnte. Was endlich ausreichend war, um ihn im Hubble-Teleskop sichtbar zu machen.

In Zukunft wird man gezielt auf die Suche nach solchen speziellen Gravitationslinsen gehen. Denn man erhält damit nicht nur Informationen über die Quelle des Lichts, das sie verstärken, sondern auch über die Himmelskörper, die für die Linsenwirkung verantwortlich sind. Man kann auf diese Weise herausfinden, wie die Sterne in fernen Galaxien beschaffen sind oder ob es dort Schwarze Löcher gibt, die (wie ein Stern) ebenfalls einen Gravitationslinseneffekt hervorrufen können.

So ließe sich in Zukunft vielleicht bestimmen, wie viele

Schwarze Löcher im jungen Universum existiert haben. Das wäre eine wichtige Information, um besser zu verstehen, was nach dem Urknall passiert ist. Denn nur sehr massereiche Sterne werden zu Schwarzen Löchern, und die Anzahl solcher Sterne hängt wiederum davon ab, wie die Materie nach der Entstehung des Universums verteilt war. Der durch Gravitationslinsen verstärkte Blick auf ferne Galaxien erlaubt uns also eine indirekte Beobachtung des Kosmos zu einer Zeit kurz nach seiner Entstehung.

Ein blauer Riesenstern wie Icarus hat nur eine Lebensdauer von einigen Hundert Millionen Jahren. Er war also schon längst verschwunden, als sein Licht bei uns auf der Erde ankam. Sein Vermächtnis wird uns aber mit Sicherheit noch für längere Zeit beschäftigen.

78

Sirius

Das Morgenerst des Flutbringers

Morgenerst. Diesen geradezu poetischen Begriff hört man im normalen Alltag leider selten. Für Sterne ist er aber höchst relevant, und das schon seit Jahrtausenden. Am Morgenerst des Sirius hingen vor 4000 Jahren Wohl und Wehe einer ganzen Hochkultur.

Sirius ist auch heute noch ein dominanter Stern. Kein anderer, mit Ausnahme der Sonne, leuchtet so hell an unserem Himmel. Er ist größer, heißer und massereicher als unsere Sonne und uns mit einem Abstand von 8,6 Lichtjahren sehr nahe. Er ist kaum zu übersehen – und im Ägypten der Antike war das auch gut so.

Die Landwirtschaft im Nildelta war darauf angewiesen, dass der Nil einmal im Jahr über die Ufer trat und das umliegende Land überschwemmte: ohne Nilflut kein Schlamm und kein Wasser für die Felder. Und wann mit der jährlichen Flut zu rechnen war, konnten die Ägypter am Sirius ablesen. Das Hochwasser des Nils wurde durch die jedes Jahr im Frühjahr auftretenden Monsunregen in Äthiopien ausgelöst. Zur gleichen Zeit konnte man auch das Morgenerst des Sirius beobachten. Dabei geht es um den Zeitpunkt des Sternaufgangs. So wie Sonne und Mond gehen auch Sterne auf und unter – nicht wirklich natürlich, aber es erscheint uns so, weil die Erde sich um ihre Achse dreht und wir die Himmelskörper deswegen hinter dem Horizont verschwinden und wieder auftauchen sehen.

Die Erde dreht sich aber nicht nur um sich selbst, sondern bewegt sich auch um die Sonne herum. Wir müssen deshalb unterscheiden, ob wir die Rotation der Erde in Bezug auf die fernen Sterne oder die nahe Sonne betrachten. Wir können etwa messen, wie lange es dauert, bis ein bestimmter Punkt auf der Erdoberfläche in Bezug auf den Sternenhimmel nach einer Rotation wieder exakt die gleiche Position einnimmt. Das sind 23 Stunden, 56 Minuten und 4 Sekunden, ein sogenannter »Sterntag«. Am Ende eines Sterntages sehen wir die Sonne allerdings nicht wieder an der gleichen Position wie zu seinem Beginn. Denn in der Zwischenzeit hat sich die Erde ja auch auf ihrer Bahn um die Sonne herum ein kleines Stück bewegt. Sie erscheint uns unter einem leicht anderen Blickwinkel, und wir müssen noch ein wenig warten, bis die Drehung der Erde um ihre Achse diese Differenz ausgeglichen hat. 3 Minuten und 56 Sekunden, um genau zu sein, und erst nach Ablauf dieser kompletten 24 Stunden ist auch der »Sonnentag« vollendet.

Oder anders gesagt: Ein Stern geht pro Tag vier Minuten früher auf als die Sonne. Wenn die Sonne und etwa der Sirius an einem bestimmten Tag genau zur gleichen Zeit über dem Horizont erscheinen, dann nennt man das den »heliakischen Aufgang« des Sirius. Am Tag darauf wird der Sirius vier Minuten vor Sonnenaufgang am Himmel erscheinen. Und am Tag darauf noch einmal vier Minuten früher. Und so weiter.

Wenn ein Stern der Sonne am Himmel zu nahe ist, dann können wir ihn natürlich nicht sehen. Aber ein paar Tage nach dem heliakischen Aufgang kann er, besonders wenn er so hell ist wie Sirius, in der Morgendämmerung schon gut zu erkennen sein. Genau das ist das »Morgenerst«: der Tag, an dem man einen Stern zum ersten Mal wieder vor der Sonne am Morgenhimmel aufgehen sehen kann.

Zufällig und zum Glück für die alten Ägypter war das beim Sirius vor 4000 Jahren genau dann der Fall, wenn das jährliche Nilhochwasser bevorstand. Das Morgenerst des Sirius kündigte den Beginn der neuen landwirtschaftlichen Saison an. Es war der Tag, an dem das Sothis-Fest gefeiert wurde, mit dem das neue Jahr begann und das das wichtigste Fest im ägyptischen Kalender war.

Es ist also kein Wunder, dass die Menschen sich schon vor Jahrtausenden der Erforschung der Sterne zugewandt haben. Wer wusste, was am Himmel passiert, konnte die Dinge auf der Erde besser planen und kontrollieren. Die Kenntnis des Sternenhimmels war ebenso ein Machtinstrument wie von religiöser und praktischer Notwendigkeit.

Heute hat der Sirius seine Bedeutung für die ägyptische

Landwirtschaft verloren. Staudämme verhindern die Überflutungen des Nils. Und da sich in den letzten Jahrtausenden durch die Schwankung der Erdachse auch die Position der Sterne am Himmel scheinbar verschoben hat, wäre das Morgenerst des Sirius auch kein passender Signalgeber mehr dafür. Das Morgenerst der Sterne interessiert heute hauptsächlich Hobby-Astronomen, die den Himmel aus Freude an der Beobachtung und ganz ohne landwirtschaftliches Interesse betrachten.

79

V1364 Cygni

Auf der Suche nach der Dunklen Materie

Im Sternbild Schwan gibt es jede Menge helle Sterne, die mit ihrer Leuchtkraft die Aufmerksamkeit des Auges auf sich ziehen. Es lohnt sich aber auch ein Blick auf die schwerer sichtbaren Sterne, die uns möglicherweise etwas zeigen können, das man gar nicht sehen kann.

Der Stern mit der Bezeichnung V1364 Cygni ist einer dieser vielen unscheinbaren, nur im Teleskop sichtbaren Sterne. Eine Sache zeichnet ihn aber aus: Es handelt sich um einen »Cepheiden«, also einen Stern, der seine Helligkeit auf eine ganz bestimmte Art und Weise verändert, die es ermöglicht, daraus seine exakte Entfernung abzuleiten. Als solcher kann er beim Lösen eines Rätsels helfen, das Astronominnen und Astronomen schon seit fast hundert Jahren beschäftigt.

1933 veröffentlichte der Astronom Fritz Zwicky seine Beobachtungen von Galaxien in einem Galaxienhaufen. So wie die Planeten unseres Sonnensystems durch die Gravitationskraft an die Sonne gebunden sind, üben auch die Galaxien eines Galaxienhaufens eine Gravitationskraft aufeinander aus. Von der Stärke dieser Kraft hängt es ab, wie und wohin sie sich bewegen können. Die Gravitationskraft der Sonne ist beispielsweise stark genug, dass die Erde sie dauerhaft umkreisen muss und nicht einfach ins All hinausfliegen kann. So müssen auch die Galaxien in ihrem Haufen aneinander gebunden sein, denn ansonsten wäre da ja gar kein Haufen mehr, den man beobachten könnte.

Zwicky stellte aber etwas ziemlich Außergewöhnliches fest: Die Galaxien waren zu schnell. Mit den von ihm gemessenen Geschwindigkeiten müssten sie sich eigentlich schon längst in alle Richtungen des Weltalls zerstreut haben. Die Gravitationskraft des gesamten Haufens ist viel zu schwach, um sie zurückzuhalten. Er konnte das Licht der Galaxien beobachten und daraus berechnen, wie viele Sterne in den jeweiligen Galaxien vorhanden sein müssten. Daraus wiederum konnte er auf die Masse der Galaxien schließen und damit auf die Stärke der Gravitationskraft, die sie aufeinander ausüben können. Nur: Diese Kraft reichte nicht aus, um die Galaxien im Haufen zusammenzuhalten.

Ebenso unzweifelhaft wie dieser Befund war aber auch die Tatsache, dass der Haufen durch irgendetwas zusammengehalten wurde. Zwicky schloss daraus, dass es in den Galaxien des Haufens und vielleicht auch zwischen ihnen noch weitere Materie geben musste. Materie, die man nicht sehen konnte. »Dunkle Materie«, wie er es nannte.

Ein paar Jahrzehnte später stieß die amerikanische Astronomin Vera Rubin auf das gleiche Problem. Sie beobachtete nicht Galaxien in Galaxienhaufen, sondern einzelne Sterne in Galaxien. Auch deren Bewegung wird durch die Gravitationskraft der anderen Sterne beeinflusst. Die meisten Sterne einer Galaxie findet man aber in ihrem Zentrum; je weiter weg ein Stern vom Zentrum seiner Galaxie ist, desto langsamer sollte er sich auch bewegen. Genauso wie in unserem Sonnensystem ein Planet ja auch umso langsamer ist, je weiter weg von der Sonne er seine Runden zieht.

Rubin aber stellte fest, dass die Geschwindigkeit der Sterne nicht dem Abstand zum Zentrum entsprechend abnahm. Sie veränderte sich nur wenig, ganz so, als hätte die sichtbare Masse der Galaxie kaum einen Einfluss auf die Bewegung. So, als gäbe es da noch viel mehr Masse, die man nicht sehen konnte.

Mittlerweile ist dieser Befund immer wieder bestätigt worden, auch für unsere eigene Milchstraße. Im Jahr 2018 wurden der Stern V1364 Cygni und ein paar Hundert andere Cepheiden benutzt, um den Zusammenhang zwischen Abstand vom galaktischen Zentrum und Geschwindigkeit in unserer eigenen Galaxie so genau zu bestimmen wie nie zuvor. Auch hier stimmt die Menge an sichtbarer Materie nicht mit der Menge an Materie überein, die nötig wäre, um die beobachtete Stärke der Gravitationskraft zu verursachen.

In unserem Universum muss es also eine Form von Materie geben, die sich deutlich von der »normalen« Materie unterscheidet. Sie muss »dunkel« sein, darf also weder Licht oder andere elektromagnetische Strahlung ausstrahlen noch reflektieren. Eigentlich ist es also »unsichtbare« Materie, auf deren Existenz wir nur über einen Umweg schließen können, die von ihr ausgeübte Gravitationskraft. Und mehr noch: Es muss sogar fünfmal mehr Dunkle Materie geben als normale Materie, damit sich all die Sterne und Galaxien so bewegen können, wie wir es beobachten.

Um welche Art von Materie es sich dabei handelt, wissen wir noch immer nicht. Im Laufe der Zeit sind jede Menge Hypothesen ins Spiel gebracht worden, aber keine davon ließ sich bestätigen. Es bleibt uns vorerst nur die seltsame Bewegung der Himmelskörper. Und wenn wir eine ausreichend große Zahl von ihnen beobachten, werden wir der Antwort früher oder später auf die Spur kommen.

80

KIC 8462852

Aufstieg und Fall einer Alien-Zivilisation

1470 Lichtjahre von der Erde entfernt errichtet eine außerirdische Zivilisation eine gigantische Struktur. Sie umhüllt fast einen gesamten Stern und dient dazu, Energie in einem für uns kaum vorstellbaren Ausmaß zur Verfügung zu stellen. Das zumindest konnte man im Oktober 2015 in vielen Medien lesen.

»So etwas wie diesen Stern haben wir bis jetzt noch nicht gesehen«, sagte damals die Astronomin Tabetha Boyajian. Sie und ihre Kollegen hatten den Stern KIC 8462852 untersucht. Dieser Stern, etwa 1,5-mal so groß wie die Sonne im Sternbild Schwan, war eines der vielen Objekte, die das Weltraumteleskop Kepler nach Planeten absuchte. Direkt lassen sich die Planeten anderer Sterne nur unter sehr speziellen Umständen beobachten; in den allermeisten Fällen muss man indirekt vorgehen.

Kepler suchte daher nach winzigen Helligkeitsschwankungen im Licht der Sterne. Wenn solche Schwankungen periodisch auftreten, ist das ein Hinweis auf die Existenz von Planeten, die von uns aus gesehen genau vor dem Stern vorüberziehen und bei jedem Umlauf ein klein wenig von dessen Licht abschirmen.

Auch bei KIC 8462852 fand man Helligkeitsschwankungen. Sie waren allerdings alles andere als periodisch – und teilweise so massiv, dass ein einzelner kleiner Planet unmöglich dafür verantwortlich sein konnte. Am 28. Februar 2013 sank die Helligkeit des Sterns zum Beispiel um 22 Prozent und erreichte erst zwei Tage später wieder das ursprüngliche Niveau. Manche der Verdunkelungsphasen waren kürzer, manche länger, manche stärker, manche schwächer. Mal leuchtete der Stern monatelang normal, dann wieder kam es zu mehreren Helligkeitseinbrüchen im Verlauf weniger Wochen. Es gab kein erkennbares Muster, und die Wissenschaft stand vor einem Rätsel.

Kein bekanntes astronomisches Phänomen allein war in der Lage, alle Aspekte dieses seltsamen Verhaltens zufriedenstellend zu erklären. Und in einem Interview über KIC 8462852 brachte der damals noch nicht an dieser Arbeit beteiligte Astronom Jason Wright deswegen Aliens ins Spiel. Zumindest theoretisch, so sagte er, könnten die Helligkeitsschwankungen durch »Megastrukturen« verursacht werden.

Wright gestand zwar ein, dass man Aliens in solchen Fällen immer als letztmögliche Erklärung in Betracht ziehen sollte. Aber das Verhalten von KIC 8462852 erschien ihm überraschend gut zu dem zu passen, was man erwarten würde, wenn dort irgendwer eine sogenannte »Dyson-Sphäre« baut.

Dieses Konzept wurde vom amerikanischen Physiker Freeman Dyson erstmals im Jahr 1960 beschrieben. Die Sonne, so seine Idee, gibt jede Menge Energie ins Weltall ab. Wir auf der Erde können davon aber nur einen kleinen Bruchteil nutzen. Aber was, wenn wir eine Hülle um die Sonne bauen könnten? Es wäre eine gewaltige Struktur, eine Hohlkugel mit dem Durchmesser der Erdumlaufbahn, in deren Zentrum sich die Sonne befindet.

In der Praxis gibt es natürlich jede Menge Probleme bei der Konstruktion einer derart gewaltigen Struktur. Man müsste schon ganze Planeten auseinandernehmen, um genug Material zu haben, und bräuchte komplett neue Methoden, um daraus eine Kugel zu konstruieren, die fest genug ist, um die Sonne einhüllen zu können. Und selbst wenn man das alles irgendwie schaffen würde, blieben noch mehr als genug knifflige Herausforderungen übrig. Leichter wäre ein »Dyson-Schwarm« zu konstruieren: jede Menge Energie-Kollektoren, die einen Stern umschwärmen und dabei möglichst viel Energie sammeln. Anstatt einer die Sonne komplett einhüllenden Kugelschale würde man unzählige gigantische Plattformen konstruieren, die unabhängig voneinander um die Sonne kreisen, um ihre Energie speichern zu können.

So ein im Aufbau begriffener Dyson-Schwarm könnte die Helligkeitsschwankungen erzeugen, die wir bei KIC 8462852 beobachten. Aber es ist eher unwahrscheinlich, dass wir dort tatsächlich Anzeichen einer stellaren Alien-Baustelle sehen. Spätere Beobachtungen des Sterns haben ergeben, dass sein Licht nicht einfach komplett blockiert wird. Die Verdunkelung ist stärker oder schwächer, je nachdem, welche Wellenlänge des Lichts man betrachtet. Das schließt die Verdunkelung des Sterns durch solide Objekte wie Planeten – oder eben Alien-Strukturen – aus. Entspricht aber ziemlich genau dem, was große Staubwolken tun, wenn sie Sternenlicht blockieren.

Wo der Staub in diesem Fall aber herkommt, ist noch ungeklärt. Er könnte von Kometen stammen oder von miteinander kollidierten Planeten in die Umgebung geschleudert worden sein. Oder aber es ist sogar der Stern selbst, der sein Licht verändert. KIC 8462852 stellt die Astronomie immer noch vor Rätsel. Aliens werden wir dort jedoch vermutlich nicht finden.

81

Stern 23

Das Rätsel der Himmelsscheibe

Stern 23 ist kaum einen Zentimeter groß. Er besteht aus Gold, ist fast 4000 Jahre alt und wurde von einem Menschen hergestellt. Gefunden hat man ihn nicht am Himmel, sondern im Boden in Mitteldeutschland, vergraben in der Nähe von Nebra in Sachsen-Anhalt. Stern 23 ist Teil der berühmten »Himmelsscheibe von Nebra« und trotz seiner irdischen Herkunft kein bisschen weniger interessant als seine kosmischen Vorbilder.

Als die Himmelsscheibe im Juli 1999 von Raubgräbern im Ziegelrodaer Forst nach langer Zeit im Dunkeln recht brutal ans Tageslicht befördert wurde, war noch nicht absehbar, um welch ein beeindruckendes Objekt es sich dabei handelt. Das Fundstück aus der Bronzezeit ist die älteste konkrete Darstellung des Himmels, die wir kennen. Sie hat uns einen Einblick in die Gedankenwelt der damals lebenden Menschen eröffnet und unser Bild des prähistorischen Mitteleuropa komplett verändert.

Die Scheibe hat einen Durchmesser von knapp 32 Zentimetern. Auf der heute grünlich schimmernden Oberfläche (die aber ursprünglich eine dunkle, schwarz-blaue Farbe gehabt hat) leuchten Sonne, Mond und Sterne in Gold. Von den ursprünglich 32 Sternen der Scheibe sind heute nur noch 30 erhalten. Sieben davon sind zu einer Gruppe zusammengefasst, die das auch mit bloßem Auge am Himmel gut sichtbare »Siebengestirn« der Plejaden darstellen. Ein großer goldener Kreis erinnert an die Sonne oder den Vollmond, neben dem ebenso groß eine Mondsichel zu sehen ist.

Eine genaue Analyse hat ergeben, dass hier astronomisches Wissen verschlüsselt ist. Die Himmelsscheibe ist eine Vorlage, die im Vergleich mit dem realen Himmel anzeigt, in welchen Jahren Schaltmonate eingefügt werden müssen, um Mond- und Sonnenjahr im Einklang zu halten. Denn je nachdem, ob man den Lauf der Sonne oder die Bewegung des Mondes als Grundlage eines Kalenders benutzt, erhält man unterschiedlich lange Jahre. Will man beide synchron halten, müssen in bestimmten Abständen Schalttage eingefügt werden. Die Himmelsscheibe zeigt an, wann das der Fall ist. Ist die Differenz zwischen Mond- und Sonnenjahr zu groß, dann ist am Himmel genau die Konstellation von Mondsichel und Plejaden zu sehen, die auf der Scheibe abgebildet ist.

Die Scheibe ist aber weit mehr als nur ein bronzezeitlicher Notizzettel zur Kalenderkorrektur. Sie war auch damals schon ein wertvolles und einzigartiges Objekt; ein Symbol für die Verbindung zwischen dem irdischen Leben der Menschen und dem himmlischen Treiben der Götter. Sie demonstrierte die Macht über den Kosmos und die Macht über die wertvollen Metalle, aus denen sie hergestellt wurde. Sie war ein sichtbares Zeichen der Autorität und legitimierte die Herrschaft ihrer Besitzer über das Volk.

Dank der Himmelsscheibe wissen wir, dass in der Bronzezeit nicht nur in Ägypten und Mesopotamien komplexe Hochkulturen existierten, sondern auch in Mitteleuropa. Natürlich behaupteten anfangs viele, es handele sich lediglich um eine Fälschung; nicht zuletzt die Raubgräber und Hehler der Scheibe, die in diesem Fall eine geringere Strafe erhalten hätten.

Aber Stern 23 (unter anderem) beweist, dass sie echt sein muss. Die Himmelsscheibe wurde im Laufe ihrer Existenz mehrfach modifiziert. Ursprünglich waren auf ihr nur Sonne, Mond und 32 Sterne zu sehen. Später wurden an ihren Rändern goldene Bögen angebracht, die Daten über die Auf- und Untergangszeiten der Sonne in Mitteldeutschland enthielten. Eine chemische Analyse des verwendeten Goldes hat gezeigt, dass die Symbole der Himmelskörper alle aus Gold aus derselben Quelle angefertigt worden waren. Alle, bis auf Stern 23 – dessen chemische Zusammensetzung wiederum exakt zu den später angebrachten Bögen passt. Sieht man sich die Scheibe an, dann erkennt man auch recht gut, dass dieser eine Stern dem Bogen im Weg gewesen sein muss. Er musste entfernt und an anderer Stelle ersetzt werden. Die Analyse der Metalle zeigt noch weitere Bearbeitungsphasen zu anderen Zeitpunkten – alles in allem ein so komplexer Herstellungsvorgang, dass er kaum zu fälschen wäre.

Die Himmelsscheibe von Nebra ist echt. Und ein eindrucksvoller Beleg dafür, dass uns Menschen der Himmel von Anfang an in seinen Bann geschlagen hat.

SN 2008ha

Der Himmel ist für alle da

Der 7. November 2008 war ein Freitag. Und während die meisten Teenager an diesem Tag den Beginn des Wochenendes feierten und das taten, was Teenager eben so tun, hat die 14-jährige Caroline Moore aus New York etwas unternommen, das Teenager sonst eher selten tun. Nämlich Bilder von Sternen auf ihrem Computer betrachtet. Sie war damals Mitglied des Puckett Observatory Supernova Search Teams und Teil einer internationalen Kooperation, bei der Freiwillige und an der Astronomie interessierte Menschen aus aller Welt Aufnahmen des Himmels nach Auffälligkeiten durchsuchen.

Die Bilder wurden von robotischen Teleskopen aufgenommen und an Hobbyastronominnen wie Caroline Moore weitergeleitet. Sie war zu diesem Zeitpunkt schon sieben Monate dabei und hatte schon jede Menge Aufnahmen betrachtet. Ihre Aufmerksamkeit ließ aber offensichtlich nicht nach, denn an diesem Abend entdeckte sie genau das, was sie gesucht hatte: eine Supernova, das letzte Aufleuchten eines alten Sterns, der sein Leben mit einer großen Explosion beendet.

Die zwei Bilder der gleichen Region des Himmels, die Moore betrachtete, waren zu unterschiedlichen Zeiten aufgenommen worden und absolut identisch, bis auf einen einzigen Lichtpunkt, der auf der einen Aufnahme zu sehen war und auf der anderen nicht. Sie meldete ihre Beobachtung – und nach den Augen der Teenagerin richteten sich nun die deutlich größeren Augen der astronomischen Instrumente auf die fast 70 Millionen Lichtjahre entfernte Galaxie im Sternbild Pegasus, in der die Supernova stattgefunden hatte.

Die Entdeckung konnte bestätigt werden, die Supernova erhielt die offizielle Bezeichnung »SN 2008ha« und Caroline Moore den Titel der jüngsten Person, die je eine Supernova entdeckt hat. Noch dazu war es eine ganz außergewöhnliche Sternenexplosion: Sie war viel leuchtschwächer, als man das normalerweise bei solchen Supernovae erwarten würde. Dass Sterne auch auf diese Art ihr Leben beenden können, war bis dahin unbekannt. Caroline Moores Entdeckung hat der Astronomie ganz neue Einblicke in den Tod von Sternen erlaubt.

Und darüber hinaus demonstriert, dass die Astronomie eine ganz besondere Wissenschaft ist. Man muss nicht unbedingt ein jahrelanges Studium absolvieren, um wertvolle Erkenntnisse beitragen zu können. Überall auf der Welt gibt es Menschen, die Astronomie als Hobby betreiben, die Spaß daran haben, den Himmel zu beobachten, und sich in Vereinen, Privatsternwarten oder eben Kooperationen wie der, an der auch Caroline Moore teilnahm, organisieren. Die privaten Beobachterinnen und Beobachter haben zahlreiche unbekannte Kometen, Asteroiden oder Supernova-Explosionen entdeckt, sie haben Planeten anderer Sterne gefunden, und sie unterstützen die professionelle Forschung bei der Auswertung großer Datensätze. In einem Forschungsgebiet, das so umfangreich und bisweilen unübersichtlich ist wie das Universum, sind die Beiträge aus der Öffentlichkeit so wertvoll, dass sich dafür eigens ein Begriff etabliert hat, »Citizen Science«, wörtlich übersetzt: »Bürgerwissenschaft«.

Im Gegensatz zu vielen anderen Wissenschaften braucht es eben nicht viel, um Astronomie zu betreiben. Es reichen die eigenen Augen, ein dunkler Himmel und der Wunsch, das

Universum zu verstehen oder auch nur seine Schönheit zu genießen. Das Universum ist groß genug, und die Forschungsobjekte werden uns so schnell nicht ausgehen. Jeder Mensch hat die Chance, dort etwas Neues zu entdecken. Der Himmel ist für alle da.

83

Spica

Klimawandel und Himmelsmechanik

Spica ist der hellste Stern im Sternbild Jungfrau. Der Name ist lateinisch und bedeutet »Kornähre«. Sowohl in Mesopotamien als auch später in Rom glaubten die Menschen in diesem Sternbild die Göttin des Ackerbaus zu sehen. Und in gewisser Weise hat Spica tatsächlich mit Landwirtschaft zu tun. Zumindest mit unserem Wissen über die Veränderung des Klimas auf der Erde.

Die regelmäßige Abfolge der Jahreszeiten auf der Erde haben wir der Tatsache zu verdanken, dass die Erdachse nicht genau senkrecht auf die Ebene steht, in der sich die Erde um die Sonne bewegt. Die Rotationsachse des Planeten ist um circa 23,5 Grad aus der Senkrechten geneigt. Die Nordhalbkugel der Erde ist daher zu unterschiedlichen Zeiten im Jahr mal in Richtung Sonne geneigt und mal in die andere Richtung (die Südhalbkugel natürlich ebenso, nur genau umgekehrt). Wenn die nördliche Hemisphäre der Erde in Richtung Sonne zeigt, dann ist dort die Sonne länger am Himmel zu sehen, und ihr Licht fällt unter einem steileren Winkel ein und kann so länger und mehr Wärme liefern (im Winter ist es umgekehrt). Nur zu zwei Zeitpunkten im Jahr sind der helle Tag und die dunkle Nacht genau gleich lang. Diese Termine werden »Tag-und-Nacht-Gleiche« genannt, und aus astronomischer Sicht markieren sie jeweils den Anfang des Frühlings und des Herbstes. Die Punkte, an denen die Sonne an diesen Tagen am Himmel zu sehen ist, werden »Frühlingspunkt« und »Herbstpunkt« genannt.

Man kann nun die Entfernung eines beliebigen Sterns zu einem dieser Punkte messen. (Und tatsächlich ist der Frühlingspunkt in den modernen astronomischen Koordinatensystemen der Bezugspunkt für genau solche Messungen.) Und egal, wie oft man diese Entfernungsbestimmung wiederholt, man sollte eigentlich immer zum gleichen Ergebnis kommen. Der griechische Astronom Hipparch hat aber im zweiten Jahrhundert vor Christus festgestellt, dass seine Messungen nicht mit denen seiner Vorgänger übereinstimmten. Die Position von Spica hatte sich gegenüber der Position des Herbstpunktes deutlich verschoben. Er schloss daraus, dass die Rotationsachse der Erde im Laufe der Zeit ihre Richtung geändert hat.

Wir wissen heute, dass er damit richtiglag. Die Rotationsachse zeigt nicht immer in die gleiche Richtung am Himmel, sondern beschreibt im Lauf von etwa 26 000 Jahren einen Kreis. Dafür verantwortlich sind die Gravitationskräfte von Sonne, Mond und den anderen Planeten des Sonnensystems. Das bleibt nicht ohne Folgen. Momentan findet der Winter auf der Nordhalbkugel der Erde immer dann statt, wenn die Erde auf ihrer Bahn ihren sonnennächsten Punkt erreicht. In ungefähr 11 000 Jahren wird die Erdachse aber in die andere Richtung zeigen. Dann herrscht auf der Nordhalbkugel Sommer, wenn die Erde im sonnennächsten Punkt steht, und Winter, wenn sie sich maximal von der Sonne entfernt hat. Die Jahreszeiten werden dann also ein klein wenig intensiver ausfallen als jetzt, und vor allem die Winter werden länger dauern.

Die Bahn der Erde um die Sonne ist aber selbst auch Schwankungen unterworfen. Sie wackelt ein wenig im Raum hin und her, sie wird größer und kleiner und weicht mal mehr und mal weniger von einer exakten Kreisbahn ab. All das führt dazu, dass wir unterschiedlich große Mengen an Sonnenenergie abgekommen. Für sich genommen haben all diese Variationen keine dramatischen Auswirkungen, im Großen und Ganzen ist die Bahn der Erde um die Sonne sehr stabil. Aber wenn sich die Veränderungen auf die richtige Art und Weise verstärken, kann eine Art Rückkopplungseffekt auftreten. Auf der Erde wird es dann sehr viel wärmer oder kälter. Es treten Eiszeiten (und Warmzeiten) auf, und das Klima des ganzen Planeten verändert sich. Die Auswirkungen dieser Veränderungen in der Bewegung der Erde auf das Klima werden »Milanković-Zyklen« genannt, nach dem serbischen Geophysiker Milutin Milanković, der genau das zu Beginn des 20. Jahrhunderts erforscht hat.

Wir wissen allerdings mittlerweile auch recht gut, dass die Himmelsmechanik nicht die einzige Ursache für Veränderungen im globalen Klima ist. Denn abgesehen von geologischen Phänomenen wie etwa Vulkanausbrüchen, sind es wir Menschen, die zurzeit das Klima der Erde massiv beeinflussen. Und das sehr viel schneller als die Milanković-Zyklen, die über Zeiträume von einigen zehn- bis hunderttausend Jahren ablaufen. Durch den immer stärker werdenden Ausstoß von Treibhausgasen haben wir die Menge an CO_2 in der Erdatmosphäre in den letzten 150 Jahren um 45 Prozent erhöht. Die dadurch ausgelöst Erwärmung der Erde läuft sehr viel schneller ab, als jeder himmelsmechanische Prozess es tun könnte. Dieses Problem müssen wir – sehr dringend – selbst in den Griff bekommen. Die Göttin des Ackerbaus wird uns dabei vermutlich nicht helfen können.

84

Felis

Das Ende der himmlischen Katze

Felis ist der hellste Stern im Sternbild der Katze – das eigentlich gar nicht existiert. Der Himmel ist zwar voller Hunde – es gibt die Sternbilder »Großer Hund«, »Kleiner Hund«, die »Jagdhunde« und auch noch einen Wolf. Aber die Hauskatze fehlt im stellaren Zoo.

Das schien den französischen Astronomen Jérôme Lalande gestört zu haben, als er 1799 einige Sterne in seine Himmelskarte eintrug. Zwischen den Sternbildern von Wasserschlange und Luftpumpe bildete er eine neue Konstellation: »Ich liebe diese Tiere sehr. Es ist ein großer leerer Platz auf den Karten, wo ich dieses Bild hingesetzt habe (…) der gestirnte Himmel hat mich in meinem Leben genug ermüdet, dass ich nun wohl auch meinen Spaß haben kann«, begründete Lalande seine tierische Wahl. Ein Gedicht von Claude-Antoine Guyot-Desherbiers über Katzen (»Poème du Chat«) habe ihn dazu motiviert, und er bat den deutschen Astronomen Johann Elert Bode, die Katze in seinen Himmelsatlas aufzunehmen, wo sie auf Tafel 19 der »Uranographia« im Jahr 1801 dann auch tatsächlich zu sehen war.

Ein langes Leben war der himmlischen Katze aber nicht vergönnt. Das Sternbild war recht unscheinbar, und die Sterne darin leuchteten allesamt nur schwach. Felis, der hellste unter ihnen, ist 530 Lichtjahre von der Sonne entfernt; und auch wenn es sich um einen orangen Riesenstern handelt, ist er nur an einem wirklich dunklen Himmel ohne Hilfsmittel zu sehen.

In Europa wurde die Katze nach ihrer ersten Veröffentlichung durch Bode in verschiedene andere Sternenkarten übernommen (und auf einer zwischenzeitlich sogar fälschlicherweise als »Hase« bezeichnet). Bis 1888 lassen sich ihre Spuren auf den Himmelsgloben und in den Atlanten verfolgen. In Amerika war man jedoch viel zögerlicher und ignorierte Lalandes Katze in den dort herausgegebenen Nachschlagewerken komplett.

Als dann im Jahr 1928 die Internationale Astronomische Union den Himmel offiziell in 88 Sternbilder aufteilte, musste die Katze endgültig dran glauben. Im Gegensatz zu ihren flauschigen Pendants auf der Erde hatte es das himmlische Gegenstück nicht geschafft, ausreichend viele Fans zu finden. Man betrachtete Lalandes Sternbild als veraltet und nahm es nicht in die nun allgemeingültige neue Liste der Konstellationen auf. Deswegen findet man dort heute zwar 42 Tiere (inklusive Fabelwesen wie Drache, Pegasus oder Phönix), aber keine Katze. Ihre Sterne wurden den Sternbildern der Wasserschlange, der Luftpumpe und des Schiffskompass zugeschlagen.

Katzenfans müssen sich mit der Existenz der Sternbilder »Löwe«, »Kleiner Löwe« und »Luchs« trösten. Und können sich über die 2018 getroffene Entscheidung der Internationalen Astronomischen Union freuen: Sie verlieh dem Stern mit der Katalogbezeichnung HD 85951 den offiziellen Eigennamen »Felis« (lateinisch für »Katze«). Der hellste Stern des nicht mehr existierenden Sternbildes darf nun also zumindest namentlich die Erinnerung an die himmlische Katze und ihre kurze astronomische Karriere wachhalten.

85

WASP-12

Feuchter Asphalt im Weltall

WASP-12 ist ein sonnenähnlicher Stern im Sternbild Fuhrmann. Mit bloßem Auge ist der Stern nicht zu sehen, aber 2008 hat das britische Planetensuchprogramm WASP (Wide Angle Search for Planets) seine Teleskope auf den Stern gerichtet und einen Himmelskörper entdeckt, der ihn umkreist. Der Planet mit der Bezeichnung WASP-12b ist ein wenig schwerer als Jupiter und fast doppelt so groß wie der größte Planet in unserem eigenen Sonnensystem.

Der fremde Himmelskörper ist eine dunkle Welt. Er absorbiert 94 Prozent des auf ihn fallenden Lichts, sodass er dunkler erscheint als frischer Asphalt. Und im Jahr 2013 konnte das Hubble-Weltraumteleskop Wasserdampf in seiner Atmosphäre nachweisen.

Natürlich gibt es dort nicht wirklich Asphalt; man wird dort keine Straßen finden und auch keinen Regen, der auf die nicht vorhandenen Straßen niederprasselt. WASP-12b ist eine absolut lebensfeindliche Welt. Es handelt sich um einen Gasriesen ohne feste Oberfläche. Er ist seinem Stern so extrem nahe, dass die Temperatur dort mehr als 2000 Grad Celsius beträgt.

Aber gerade weil er so groß und seinem Stern so nahe ist, kann man dort Beobachtungen anstellen, die anderswo nicht möglich sind. Der Planet selbst ist für unsere Teleskope unsichtbar; er wird vom hellen Licht des Sterns komplett überstrahlt. Aber wenn er sich von uns aus gesehen genau vor seinem Stern vorüberbewegt, kann ein klein wenig des Sternenlichts durch die Atmosphäre des Planeten hindurch bis zu uns strahlen. Ein Teil dieses Lichts wird dabei durch die Atome in den äußeren Gasschichten von WASP-12b absorbiert. Jedes chemische Element tut das auf eine ganz spezielle Art und Weise, und wenn wir das Licht, das uns erreicht, entsprechend analysieren, können wir herausfinden, welche Atome und Moleküle in der Atmosphäre von WASP-12b vorhanden sind.

In diesem Fall war das unter anderem Wasser – was aber nicht auf die Anwesenheit von Leben schließen lässt. Wasserstoff und Sauerstoff sind zwei Elemente, die im Universum recht häufig vorkommen, und sie können sich unter den richtigen Bedingungen zu Wassermolekülen verbinden. Wir haben Wasser schon in den großen interstellaren Gaswolken zwischen den Sternen gefunden – und eben auch in den Atmosphären einiger fremder Planeten wie WASP-12b. Dort liegt es natürlich gasförmig, also in Form von Wasserdampf vor – anders ist es bei einem so heißen Gasplaneten auch nicht möglich.

Wasserdampf in der Atmosphäre eines Planeten ist also kein zwingendes Anzeichen für Leben. Könnten wir aber irgendwo reinen Sauerstoff nachweisen, wäre das schon etwas anderes. Sauerstoff verbindet sich sehr schnell mit anderen chemischen Elementen. Dass die Atmosphäre der Erde zu 21 Prozent aus Sauerstoff besteht, liegt nur daran, dass es so viele Pflanzen gibt, die diesen Sauerstoff bei ihren Stoffwechselvorgängen immer wieder nachproduzieren. Würde das Leben auf der Erde verschwinden, dann wäre auch der Sauerstoff in der Atmosphäre schnell weg. Neben Sauerstoff gibt es noch einige andere solcher Moleküle, zum Beispiel Methan, die deutliche Hinweise auf die Existenz von Leben sind.

Könnte man solche »Biomarker« in der Atmosphäre eines Planeten nachweisen, der kein Gasriese, sondern erdähnlich ist und der sich nicht zu nah und nicht zu weit entfernt von seinem Stern befindet, dann wäre das ein ziemlich gutes Indiz dafür, dass dieser Planet nicht nur lebensfreundlich sein könnte, sondern vielleicht tatsächlich von Lebewesen bewohnt wird.

Momentan sind unsere Teleskope aber noch zu schwach, um Planeten dieser Art zu untersuchen. Das klappt nur bei großen und heißen Planeten wie WASP-12b. Aber wenn in einigen Jahren die nächste Generation der Riesenteleskope den Betrieb aufnimmt, können wir uns ernsthaft auf die Suche nach den lebensfreundlichen Planeten anderer Sterne machen.

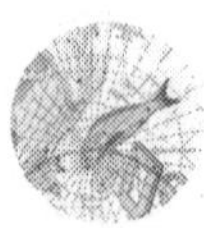

86

ULAS J1342+0928

Licht im dunklen Zeitalter des Kosmos

13,1 Milliarden Jahre hat das Licht von ULAS J1342+0928 gebraucht, um die Erde zu erreichen. Das Ding mit dem komplizierten Namen ist ein sogenannter »Quasar« und alles andere als ein Stern. Um was es sich dabei jedoch wirklich handelt, wusste man noch nicht, als man zum ersten Mal darauf stieß. Es sah zwar aus wie ein Stern, konnte aber eigentlich keiner sein, und so nannte man die Neuentdeckung vorerst »Quasi Stellares Objekt« oder kurz: Quasar.

Auf ihre Spur stieß man in den 1960er-Jahren durch die Radioastronomie. So wie Sterne, Galaxien und andere Himmelskörper Energie in Form von sichtbarem Licht abgeben, tun sie das auch in anderen Bereichen des elektromagnetischen Spektrums, zum Beispiel in Form von Radiowellen. Bei Radiowellen handelt es sich um nichts anderes als Licht – jedoch mit einer Wellenlänge, die zu groß ist, um mit unseren Augen direkt wahrgenommen zu werden.

Die Radioteleskope aber sahen jede Menge Radioquellen am Himmel, sehr stark und scheinbar punktförmig. Als man mit normalen Teleskopen überprüfen wollte, welche merkwürdigen Himmelskörper diese Radiowellen aussandten, sah man allerdings nicht das, was man erwartet hatte. Normalerweise waren Galaxien die Quellen von Radiowellen. In diesem Fall aber war nichts dergleichen zu sehen. Es schien sich um Radioquellen ohne zugehörige Galaxie zu handeln. Man erklärte dieses kuriose Phänomen durch ihre Entfernung – die Objekte mussten entsprechend weit entfernt liegen, sodass die Radiowellen Milliarden von Jahren bis zu uns brauchten und ihre Quelle mit herkömmlichen technischen Mitteln nicht zu erkennen war.

Erst später hat man verstanden, was die Radioteleskope dort wirklich entdeckt hatten: die hell leuchtenden Zentren extrem weit entfernter Galaxien. Und die großen Mengen an Radiostrahlung wurden von den Supermassereichen Schwarzen Löchern verursacht, die sich dort befinden. In der Mitte jeder großen Galaxie befindet sich ein Schwarzes Loch, das Millionen bis Milliarden Mal mehr Masse als unsere Sonne hat. Und wenn sich in der Nähe dieses Schwarzen Lochs Materie, wie zum Beispiel interstellares Gas, befindet, kann diese in das Loch fallen. Dabei wird das Material enorm beschleunigt, aufgeheizt und gibt Energie ab, unter anderem in Form von Radiowellen. Galaxien wie unsere Milchstraße sind schon ziemlich alt, hier ist in der Zentralregion nur noch wenig Material übrig, das ins Loch fallen kann. Junge Galaxien aber sind noch voll mit kosmischen Gaswolken, und ihre zentralen Schwarzen Löcher können daher auch sehr hell leuchten.

Genau diese jungen Galaxien sehen wir, wenn wir weit hinaus ins All schauen. Denn das Licht braucht Zeit, bis es zu uns gelangt, und je länger der Weg ist, desto weiter blicken wir zurück in die Vergangenheit. Galaxien wie ULAS J1342+0928 gehören zu den jüngsten, die wir bis jetzt gesehen haben; als dieser Quasar im Jahr 2017 entdeckt wurde, war er das am weitesten entfernte bekannte Objekt dieser Art. Als sich das Licht aus der Umgebung seines Supermassereichen Schwarzen Lochs auf den Weg zu uns gemacht hat, war der Urknall gerade mal seit 690 Millionen Jahren vorbei. Die Erforschung solcher Quasare ist daher auch eine einmalige Gelegenheit, mehr über die Kindheit des Universums herauszufinden, vor allem über eine Phase, die das »dunkle Zeitalter« genannt wird.

Kurz nach seiner Entstehung war der junge Kosmos noch viel zu heiß, als dass komplette Atome hätten existieren können. Die Elektronen, die normalerweise die Hülle der Atome bilden, bewegten sich aufgrund der hohen Temperaturen viel zu schnell, um sich mit den Atomkernen zu verbinden. Dazu kam es erst 380 000 Jahre nach dem Urknall, als das Universum kühl genug dafür war. Und erst ab diesem Zeitpunkt konnte sich das Licht im All ungehindert ausbreiten. Zuvor ist es von den überall herumsausenden Elektronen ständig abgelenkt worden.

Die Strahlung, die sich damals in alle Richtungen ausbreitete, können wir noch heute in Form der »Kosmischen Hintergrundstrahlung« beobachten, und sie war lange Zeit das einzige Licht im Universum. Denn nach 380 000 Jahren trat der Kosmos in das »dunkle Zeitalter« ein. Es war nichts mehr da, was das Licht an der Ausbreitung hindern konnte. Es war aber auch nichts da, das dazu in der Lage gewesen wäre, neues Licht zu erzeugen. Sterne existierten noch nicht, sie mussten erst aus den riesigen Gaswolken voller Atome entstehen.

Bis die Sterne und Galaxien entstanden sind, hat es ein paar Hundert Millionen Jahre gedauert. Deren Strahlung hat einen Teil der Atome wieder ionisiert, also einen Teil der Elektronen wieder von den Atomhüllen gelöst. Jetzt war das Universum aber schon groß genug und deswegen trotzdem durchlässig für all das neue Licht. Diese Phase wird »Reionisierungsepoche« genannt, und sie ist das Ende des dunklen Zeitalters. Wie das genau abgelaufen ist, wissen wir noch nicht.

Aber die Strahlung von Galaxien wie ULAS J1342+0928 stammt genau aus dieser Zeit und wird uns dabei helfen, ein wenig Licht ins dunkle Zeitalter des Universums zu bringen.

87

Sanduleak -69 202

Das lange Warten hat ein Ende

Am 24. Februar 1987 hatte das lange Warten endlich ein Ende. Das Teleskop der Las-Campanas-Sternwarte in Chile beobachtete etwas, das seit der Erfindung des Teleskops noch nie beobachtet worden war: eine Supernova-Explosion direkt in unserer Nachbarschaft!

Das letzte Mal war so etwas im Jahr 1604 passiert. Die Astronomen, unter ihnen Johannes Kepler, konnten den plötzlich aus dem Nichts auftauchenden und extrem hell aufleuchtenden Stern damals sogar mit bloßen Augen sehen. Fast 400 Jahre lang mussten wir danach jedoch warten, bis wieder ein Stern in unserer Nähe sein Leben mit einem gewaltigen Helligkeitsausbruch beenden sollte. Vor allem im 20. Jahrhundert stellte das die Wissenschaft auf eine gehörige Geduldsprobe: Denn nun wusste man nicht nur schon einigermaßen genau, worum es sich bei solchen Ereignissen handelt, sondern verfügte auch über die technischen Mittel, sie im Detail zu untersuchen. Vorausgesetzt, es würde in nicht allzu großer Entfernung passieren. In anderen Galaxien konnte man zwar immer wieder mal Supernova-Explosionen beobachten, da sie hell genug sind, um auch über diese großen Distanzen sichtbar zu sein. Aber was man wirklich brauchte, um detaillierte Untersuchungen anstellen zu können, war eine Sternenexplosion in unserer eigenen Milchstraße.

Der Stern, der im Februar 1987 explodierte, erfüllte dieses Kriterium fast. Er befand sich knapp 170 000 Lichtjahre entfernt und damit außerhalb unserer eigenen Galaxie, aber noch innerhalb der Großen Magellanschen Wolke, einer der Zwerggalaxien, die die Milchstraße als nahe Satelliten begleiten.

Welcher Stern da so explosiv sein Leben beendet hatte, war der Fachwelt vorerst noch nicht klar. Die Antwort fand man in einem Katalog, den der in Rumänien geborene Astronom Nicholas Sanduleak im Jahr 1970 angelegt hatte. Der Eintrag mit der Bezeichnung »-69 202« gehörte zu einem von insgesamt 1275 verzeichneten Sternen und hatte bis zu diesem Zeitpunkt ein absolutes Schattendasein geführt; niemand interessierte sich für den unscheinbaren Himmelskörper. Nun aber stellte man fest, dass genau dieser eine Stern verschwunden war. »Sanduleak -69 202« wurde schlagartig prominent – und das, obwohl er gar nicht mehr existierte.

Da, wo eben noch ein großer, heißer blauer Riesenstern seine unauffällige Existenz gefristet hatte, war nun nichts mehr außer ein paar Ringen aus Gas und Staub: Die letzten Reste der Sternatmosphäre, die Sanduleak ein paar Zehntausend Jahre vor seinem Tod ins All hinausgeschleudert hatte. Diese Ringe, die zuvor kaum zu sehen waren, leuchteten nun auf, als sie von der Strahlung der Supernova-Explosion aufgeheizt wurden. Vier Jahre später konnte man sogar beobachten, wie die Trümmer des zerstörten Sterns auf die Staubringe trafen.

Noch viel interessanter waren aber die Beobachtungen, die ein paar Stunden vor der Entdeckung der Supernova gemacht wurden. Da registrierten drei Teilchendetektoren an unterschiedlichen Orten der Erde einen plötzlich Anstieg an Neutrinos. Diese extrem leichten und flüchtigen Elementarteilchen werden unter anderem bei den nuklearen Reaktionen im Inneren eines Sterns erzeugt, und ganz besonders viele bei einer Supernova-Explosion. Sie treten so gut wie gar nicht mit anderer Materie in Wechselwirkung, sind also unmittelbar nach der Explosion aus dem Kern von Sanduleak quasi ohne jeden Widerstand durch den sterbenden Stern hinaus ins All geschossen. Das Licht der Explosion musste jedoch durch die Materie des Sterns hindurch und wurde dabei immer wieder abgelenkt. Es verließ den Stern daher erst nach den Neutrinos und konnte seinen Rückstand auf dem Weg bis zur Erde auch nicht mehr aufholen, da sich die Neutrinos fast ebenso schnell bewegen wie das Licht.

Die Beobachtung der Neutrinos zusammen mit den detaillierten Daten der Teleskope haben dabei geholfen, unsere Modelle von Supernovae zu verfeinern und zu erweitern. Was uns allerdings immer noch fehlt, ist eine Sternenexplosion, die wirklich in unserer eigenen Milchstraße stattfindet. Eine haben wir schon verpasst: Irgendwann zwischen 1890 und 1908 muss ein knapp 27 000 Lichtjahre entfernter Stern im Sternbild Schütze explodiert sein. Davon haben wir aber nichts mitbekommen, weil genau dort jede Menge kosmische Staub- und Gaswolken uns den Blick verstellen. Erst 1984 sind wir auf die Überreste dieser Supernova gestoßen.

Wir müssen also weiter warten. Im Durchschnitt sollten in der Milchstraße ein bis zwei Sterne pro Jahrhundert explodieren. Irgendwann ist es wieder so weit, und dann können wir unseren Platz in der ersten Reihe hoffentlich optimal ausnutzen.

(88)

3C 58

Ein Stern voll Quark

Am 6. August des Jahres 1181 tauchte am Himmel ein Gaststern auf. Mit diesem freundlichen Namen bedachten chinesische Astronomen einen Stern, der zuvor nicht sichtbar gewesen war. Heute nennen wir so etwas eine »Supernova« und wissen, dass es sich dabei um einen großen, alten Stern handelt, der am Ende seines Lebens explodiert und dabei für einige Monate extrem hell leuchtet.

Sehr viele Aufzeichnungen gibt es über die Beobachtung dieser Supernova im 12. Jahrhundert leider nicht. Aber nach allem, was wir wissen, ist denkbar, dass die Astronomen aus China und Japan vor fast tausend Jahren die Geburt eines »Quarksterns« beobachtet haben. Das hat natürlich nichts mit Milchprodukten zu tun und auch nichts mit Unsinn. Sondern mit der fundamentalen Struktur der Materie.

Wir wissen, dass ein Stern mit ausreichend viel Masse am Ende seines Lebens zu einem »Neutronenstern« kollabiert. Er wird unter seinem eigenen Gewicht enorm stark zusammengepresst. Die elektrisch negativ geladenen Elektronen und die elektrisch positiv geladenen Protonen, aus denen die Atome seiner Materie bestehen, werden quasi ineinandergedrückt, und es entstehen elektrisch neutrale Neutronen, die dicht an dicht stehend nun die gesamte Masse des toten Sterns ausmachen.

Neutronen sind aber keine Elementarteilchen, sondern bestehen aus sogenannten »Quarks«. Nach allem, was wir derzeit wissen, sind sie die fundamentalen Bausteine, aus denen die Materie aufgebaut ist. Man braucht drei Quarks, um ein Neutron zu bilden, zwei »Down-Quarks« und ein »Up-Quark«. Unter normalen Bedingungen ist es nicht möglich, ein Neutron (oder irgendein anderes aus Quarks bestehendes Teilchen) in seine Bestandteile zu zerlegen. Denn die Kraft, die die Quarks zusammenhält, hat eine seltsame Eigenschaft: Sie wird nicht schwächer, wenn zwei Quarks sich voneinander entfernen. Um ein Neutron auseinanderzunehmen, müsste man enorm viel Energie aufwenden. Diese Energie könnte die Quarks dann zwar tatsächlich voneinander trennen – aber aus ihr würden sofort auch wieder neue Quarks entstehen. Dank Albert Einstein wissen wir ja, dass Masse und Energie sich ineinander umwandeln können – und die aus der ins Neutron gesteckten Energie neu entstandenen Quarks verbinden sich sofort wieder mit den gerade frei gewordenen zu neuen Neutronen und anderen Teilchen.

Quarks existieren also nicht als freie Teilchen. Es sei denn, die Bedingungen sind wirklich sehr extrem. So extrem, wie sie im Inneren eines Neutronensterns herrschen könnten. Hat ein Neutronenstern ausreichend viel Masse, dann könnten auch die Neutronen so stark zusammengequetscht werden, dass sie die Quarks freisetzen. Er würde dann noch weiter in sich zusammenfallen und zu einem »Quarkstern« werden.

Ob es so etwas wirklich geben kann, ist jedoch noch unklar. Momentan gehen wir davon aus, dass ein zu schwerer Neutronenstern einfach immer weiter in sich zusammenfällt, bis aus ihm ein Schwarzes Loch entsteht. Sollte »Quarkmaterie« aber wirklich existieren können, dann müsste es auch diese seltsame Art von Stern geben.

Damit Quarkmaterie entstehen kann, muss die Masse des sterbenden Sterns einerseits groß genug sein, um die Materie über den Zustand eines Neutronensterns hinaus zu komprimieren; andererseits aber gering genug, damit das Ganze nicht komplett in sich zusammenfällt und zu einem Schwarzen Loch wird. Ein solcher Quarkstern würde auf den ersten Blick nicht viel anders aussehen als ein Neutronenstern und wäre daher auch schwer zu identifizieren. Dennoch könnte das, was von der Sternenexplosion im Jahr 1181 übrig geblieben ist, genau so ein Quarkstern sein.

Denn dort, wo man damals den »Gaststern« beobachtet hat – im Sternbild Kassiopeia –, können wir heute einen Neutronenstern mit der Bezeichnung 3C 58 sehen. Auch wenn noch nicht völlig sicher ist, ob es sich dabei wirklich um den Überrest der Supernova aus dem 12. Jahrhundert handelt, ist der Stern selbst enorm interessant. Denn er ist deutlich kühler, als ein Neutronenstern eigentlich sein dürfte, und erfüllt damit ein wesentliches Kriterium, das laut gängigen Theorien zur Eigenart von Quarksternen gehört. Das ist natürlich noch lange kein Beweis. Aber doch ein Indiz dafür, dass das Universum noch einige seltsame Überraschungen für uns bereithalten dürfte.

89

CoRoT-7

Die Heimat der Supererde

Der Stern CoRoT-7 wird von einer Supererde umkreist. Dieser Planet ist jedoch nicht etwa irgendwie besser als unsere »normale« Erde, ganz im Gegenteil. Dort herrschen Temperaturen von etwa tausend Grad Celsius, und wenn es dort regnet, fallen keine Wassertropfen vom Himmel, sondern Steine. (Die hohen Temperaturen verdampfen einen Teil des Gesteins der Oberfläche; wenn es später in der Atmosphäre wieder abkühlt und fest wird, regnet es zu Boden.) Als »Supererden« bezeichnet man in der Astronomie eine Gruppe von Himmelskörpern, die in unserem Sonnensystem nicht vorkommen.

Man kann die acht Planeten unserer Sonne in zwei Klassen einteilen. Da sind einmal die vier inneren Planeten Merkur, Venus, Erde und Mars – Kugeln aus Gestein mit einem metallischen Kern im Inneren und einer festen Oberfläche. Die äußeren Planeten Jupiter, Saturn, Uranus und Neptun dagegen zählen zu den »Gasriesen«. Sie bestehen fast ausschließlich aus Wasserstoff und Helium und besitzen keine feste Oberfläche.

Uranus ist der kleinste der Gasriesen und hat die 15-fache Masse der Erde. Die wiederum ist der größte unter den sogenannten »terrestrischen Planeten«, wie die felsigen Himmelskörper genannt werden. Dazwischen gibt es nichts – zumindest nicht in unserem Sonnensystem. Andere Sterne werden aber auch von Planeten umkreist, die deutlich schwerer und größer als die Erde und doch keine Gasriesen sind. Planeten wie der von CoRoT-7. Gefunden wurde er vom französischen Weltraumteleskop COROT im Jahr 2009. Als man die

Helligkeit des sonnenähnlichen Sterns im Sternbild Einhorn vermaß, fand man dort die charakteristischen Helligkeitsschwankungen, die auf die Existenz eines Planeten hinweisen. Jedes Mal, wenn der Planet von uns aus gesehen an seinem Stern vorbeizieht, wird er ein klein wenig dunkler, und bei CoRoT-7 passiert das alle zwanzig Stunden. Der Planet benötigt also nicht einmal einen Tag, um seinen Stern zu umkreisen. Das schafft er nur, weil er ihm so nahe ist, was auch die hohen dort herrschenden Temperaturen erklärt.

Der Planet ist 1,7-mal größer als die Erde und hat dabei fast fünfmal so viel Masse wie unser Planet. Daraus folgt, dass der Himmelskörper auch sehr viel dichter sein muss als die Erde. Es muss sich um einen Planeten mit einem sehr großen Eisenkern handeln, der von einer dicken und dichten Schicht aus Gestein umgeben ist. Solche Objekte, die zwar terrestrische Planeten, aber trotzdem größer und schwerer als die Erde sind, nennt man »Supererden« – und wir haben mittlerweile jede Menge von ihnen gefunden.

Warum sie bei so vielen anderen Sternen zu finden sind, aber nicht in unserem Sonnensystem, ist immer noch nicht ganz klar. Auch nicht, ob solche Planeten für Leben geeignet sind. Bisherige Studien sind zu dem Schluss gekommen, dass Supererden deutlich mehr geologische Aktivität aufweisen könnten als die Erde. Aufgrund ihrer großen Masse und der daraus folgenden stärkeren Anziehungskraft könnten sie auch viel dichtere Atmosphären besitzen. Diese könnten die Oberfläche und dort existierende Lebewesen viel besser vor kosmischer Strahlung schützen. Und auch wenn Erdbeben und Vulkanausbrüche dem Leben ab einer gewissen Intensität nicht mehr besonders förderlich sind, braucht ein Planet doch eine aktive Plattentektonik, um überhaupt erst ein lebensfreundliches Klima hervorbringen zu können. Die langsame Bewegung der Kontinente und das damit einhergehende Recycling von Gestein regulieren die Menge an Kohlendioxid, das im Gestein gebunden werden kann. Supererden könnten also vielleicht wirklich besser sein als unsere Erde – zumindest dann, wenn sie nicht so eng um ihren Stern kreisen wie der Planet von CoRoT-7.

Um die Supererden wirklich verstehen zu können, müssen wir sie noch genauer erforschen. Dank ihnen ist uns auf jeden Fall bewusst geworden, dass unser Sonnensystem keinesfalls typisch ist. Der Blick hinaus ins All hat uns gezeigt, dass die Planeten anderer Sterne völlig anders beschaffen sein können als das, was wir kennen. Die große Herausforderung der Astronomie bleibt, nach Phänomenen zu suchen, die wir uns eigentlich erst vorstellen können, nachdem wir sie gefunden haben.

(90)

Cygnus X-1

Das helle Licht des Schwarzen Lochs

Im Sternbild Schwan befindet sich ein Schwarzes Loch und leuchtet hell. Oder besser gesagt: Es sorgt dafür, dass seine Umgebung hell leuchtet. Denn ein Schwarzes Loch heißt ja gerade deswegen »schwarz«, weil nichts von dort entkommen kann, nicht einmal Licht. Das liegt übrigens nicht daran, dass es besonders viel Masse hat. Cygnus X-1 ist nur 15-mal schwerer als die Sonne, und es gibt viele Sterne im Universum, die deutlich schwerer sind. Ein Schwarzes Loch entsteht, wenn man Masse auf einem sehr kleinen Raum konzentriert. Und das kann beim Tod eines Sterns passieren.

Wenn ein Stern am Ende seines Lebens keinen Brennstoff mehr hat, um die Kernfusion in seinem Inneren aufrechtzuerhalten, dann fällt er unter seinem eigenen Gewicht in sich zusammen. Es gibt verschiedene Möglichkeiten und Kräfte, die diesen Kollaps aufhalten können, und in solchen Fällen endet der Stern als Weißer Zwerg oder als Neutronenstern. Ist die Masse des kollabierenden Himmelskörpers aber zu groß, dann reichen diese Kräfte nicht aus, und die Materie des Sterns kollabiert unter dem Druck ihrer eigenen Gravitationskraft. Das Objekt wird immer kleiner und seine Materie immer dichter zusammengepresst.

Das ist das Schicksal der sehr massereichen Sterne. Sie werden zu Schwarzen Löchern, und Schwarze Löcher sind schwarz, weil sie einen »Ereignishorizont« besitzen. Um sich dauerhaft aus der Umgebung eines schweren Objekts entfernen zu können, ist eine ausreichend hohe Geschwindigkeit notwendig. Diese sogenannte »Fluchtgeschwindigkeit« beträgt für die Erdoberfläche etwa 11 Kilometer pro Sekunde. Alles, was sich langsamer von ihr entfernt, wird irgendwann wieder auf sie zurückfallen. Je stärker die Anziehungskraft ist, desto größer ist auch die Fluchtgeschwindigkeit. Auf der Oberfläche der Sonne beträgt sie zum Beispiel 617 Kilometer pro Sekunde. Die Anziehungskraft eines Himmelskörpers ist umso größer, je mehr Masse er hat – aber auch umso größer, je näher man dieser Masse kommen kann. Die große Ausdehnung der Sonne setzt der Anziehungskraft, die man spüren kann, eine Obergrenze. Selbst wenn man sich der einen Seite der Sonne maximal annähert, ist die andere Seite noch 1,4 Millionen Kilometer entfernt.

Würde man die Sonne auf einen kleineren Raum komprimieren, könnte man sich ihrer Masse auch viel stärker annähern. Entsprechend würde man auch die Anziehungskraft der gesamten Masse viel stärker spüren, womit auch die Fluchtgeschwindigkeit stiege. Würde man die Sonnenmasse in eine Kugel mit einem Durchmesser von 6 Kilometern pressen, dann wäre die Fluchtgeschwindigkeit an der Oberfläche dieser Kugel höher als die Lichtgeschwindigkeit. Sich schneller als das Licht zu bewegen ist aber unmöglich – und genau deswegen ist es auch nicht möglich, dauerhaft einer solchen Kugel zu entkommen. Die Sonne wäre dann ein Schwarzes Loch, und der Ereignishorizont ist genau die Grenze, ab der eine Umkehr unmöglich ist.

Unsere Sonne hat zu wenig Masse, um von selbst zu einem Schwarzen Loch zu kollabieren. Anderen Sternen kann das aber durchaus passieren, und Cygnus X-1 war genau ein solcher Fall. Dass wir dort trotzdem noch etwas sehen, liegt daran, dass das Schwarze Loch nicht alleine ist: Es wird in geringem Abstand von einem sehr großen Stern umkreist. Dieser heiße, unruhige Riesenstern schleudert immer wieder Material aus seiner Atmosphäre hinaus ins All und in Richtung des Schwarzen Lochs. Dort verschwindet es hinter dem Ereignishorizont, allerdings nicht ohne Spuren zu hinterlassen. Es wirbelt mit enormer Geschwindigkeit entlang einer immer kleiner werdenden Spirale in Richtung des Schwarzen Lochs und wird dabei sehr stark aufgeheizt. So sehr, dass es zu leuchten beginnt, und zwar besonders hell im für unsere Augen nicht sichtbaren Röntgen- und Ultraviolettlicht.

Entsprechende Teleskope haben diese Strahlung von Cygnus X-1 nachgewiesen und konnten beobachten, wie das

Leuchten der Materie genau in dem Moment plötzlich aufhört, in dem sie hinter dem Ereignishorizont verschwindet. Cygnus X-1 war das erste Schwarze Loch, dessen Existenz wir zweifelsfrei nachweisen konnten. Gefährlich werden kann es uns übrigens auf keinen Fall. Solange man dem Ereignishorizont nicht zu nahe kommt, sind Schwarze Löcher einigermaßen harmlos. Mit einem Abstand von 6100 Lichtjahren ist Cygnus X-1 ein faszinierendes Forschungsobjekt mit ausreichend großem Sicherheitsabstand.

91

Der grüne Stern

Nur was für Kinderbücher

Einen »grünen Stern« werden viele wahrscheinlich als Heimat des Roboters Schlupp kennen, der auf den Müllplaneten geschossen werden soll, allerdings aus Versehen auf der Erde landet und dort für jede Menge Verwirrung sorgt. Gut, das ist in Wirklichkeit natürlich nicht passiert, sondern nur im Kinderbuch »Schlupp vom grünen Stern« und dem gleichnamigen Marionettenstück der Augsburger Puppenkiste. Aber anderswo konnte es auch nicht passieren, denn grüne Sterne gibt es im echten Universum nicht.

Am Himmel können wir gelbe Sterne sehen, ebenso wie blaue und rote. Sofern die Bedingungen und unsere Augen gut genug sind jedenfalls, ansonsten sehen wir meist nur ein weißes Leuchten. Ein grüner Stern ist bis jetzt jedoch noch nirgends gesichtet worden. Denn ein grüner Stern muss zwangsläufig weiß sein, was daran liegt, dass er ein schwarzer Körper ist.

Das klingt absurd, ist aber trotzdem absolut korrekte Astronomie. Als schwarzen Körper bezeichnet man ein Objekt, das jegliche auftreffende Strahlung komplett absorbiert und dessen selbst abgestrahlte Energie (unabhängig von zum Beispiel seiner Oberfläche oder sonstigen Beschaffenheit) nur von seiner Temperatur abhängt. Es handelt sich bei diesen schwarzen Körpern zwar um ein theoretisches Konzept aus der Physik, das keine direkte Entsprechung in der Natur hat. In erster Näherung kann man reale Sterne jedoch gut als solche schwarzen Körper betrachten.

Konkret bedeutet das, dass ein Stern immer Energie in allen Farben des Lichts abstrahlt. Ein Stern, den wir zum Beispiel rot leuchten sehen, gibt immer auch blaues, gelbes oder grünes Licht ab. Ein blauer Stern ebenso – der Unterschied, der darüber entscheidet, ob uns ein Stern nun blau, rot oder gelb erscheint, liegt in der Lage des Strahlungsmaximums. Blaue Sterne sind heißer als rote Sterne, und sie geben die meiste Energie daher im blauen Bereich des Lichtspektrums ab, während das Maximum bei den kühleren Sternen im roten Bereich liegt.

Sterne wie unsere Sonne, die kühler sind als blaue Sterne, aber heißer als die roten, haben ihr Strahlungsmaximum im grünen Licht. Dass wir die Sonne trotzdem nicht grün leuchten sehen, sondern gelb-weißlich, liegt an unseren Augen. Wir haben darin zwar getrennte Rezeptoren für blaues, grünes und rotes Licht; deren Empfindlichkeiten überlappen sich aber ein wenig. Von der Sonne kommt nun also Licht in allen Farben zu uns. Sehr viel grünes Licht, aber auch rotes, gelbes und blaues. Alle Farben treffen auf unsere Augen, und die Rezeptoren sind nicht in der Lage, die Anteile scharf genug zu trennen. Wir nehmen also eine Mischung aus allen Farben wahr, und die ist in dem Fall eben weiß.

Das passiert auch bei den Sternen, deren Strahlungsmaximum im roten oder blauen Bereich liegt. Hier muss man aber zudem noch berücksichtigen, dass es Farben gibt, die unser Auge gar nicht wahrnehmen kann. Infrarot zum Beispiel oder Ultraviolett und all die anderen Bereiche der elektromagnetischen Strahlung, die wir zwar mit Messinstrumenten sehen können, für die in unseren Augen aber keine Rezeptoren existieren. Wenn wir nun das Licht eines blauen Sterns betrachten, dann liegt sein Strahlungsmaximum sehr viel näher am ultravioletten Bereich als bei einem »grünen« Stern wie unserer Sonne. Ein blauer Stern gibt also auch mehr ultraviolettes Licht ab als die Sonne. Dieses Licht ist für unsere Rezeptoren im Auge aber unsichtbar. Wir nehmen nur den starken Blauanteil wahr, der sich mit den weniger starken grünen, gelben und roten Anteilen vermischt, was insgesamt ein eher bläuliches Licht ergibt. Bei Sternen, deren Strahlungsmaximum im roten Bereich liegt, ist es umgekehrt. Sie geben viel mehr Infrarotstrahlung ab als blaue oder »grüne« Sterne; mit unseren Augen sehen wir aber nur den starken Rotanteil in Mischung mit den schwächeren grünen, gelben und blauen Anteilen.

Wir sehen immer nur eine Mischung aller Farben des Sternenlichts – und weil das grüne Licht genau in der Mitte des für uns sichtbaren Bereichs liegt, wird diese Farbe immer durch die andersfarbigen Anteile verändert. Damit ein Stern wirklich grün leuchtet, dürfte er also nur grünes Licht abstrahlen und keine Energie bei anderen Farben abgeben. Das ist physikalisch jedoch nicht möglich – höchstens in Kinderbüchern und im Marionettentheater.

92

Gliese 710

Nahe Begegnung in ferner Zukunft

Wenn es im Universum etwas in wirklich ausreichender Menge gibt, dann ist das Nichts. Nur ab und zu findet sich in diesem Nichts ein wenig Etwas. Eine Galaxie zum Beispiel, die aber selbst auch wieder hauptsächlich aus Nichts besteht. Und aus Sternen – die jedoch durch unvorstellbar große Distanzen voneinander getrennt sind.

Zwischen unserer Sonne und dem nächstgelegenen Stern Proxima Centauri liegen 4,2 Lichtjahre. Das sind knapp 40 Billionen Kilometer, was man sich aber auch nur schwer vorstellen kann. Der Stern Gliese 710 ist 62 Lichtjahre weit weg – auf der Liste der uns nächstgelegenen Sterne schafft er es damit nicht einmal unter die ersten 1000.

In Zukunft wird das anders aussehen. Noch muss man sich anstrengen, wenn man Gliese 710 am Himmel sehen will. Der Stern befindet sich im Sternbild Schlange und leuchtet viel zu schwach, um ohne technische Hilfsmittel beobachtet werden zu können. Er hat nur zwei Drittel der Größe unserer Sonne, und auch seine Masse bringt es gerade mal auf wenig mehr als die Hälfte der Sonnenmasse.

Gliese 710 ist eigentlich nicht weiter bemerkenswert, wäre da nicht eine Sache, auf die Astronomen schon im 20. Jahrhundert gestoßen sind. Gliese 710 kommt auf uns zu. Es besteht jedoch kein Grund zur Panik, denn wir haben noch 1,35 Millionen Jahre Zeit, bevor es so weit ist. Und selbst dann wird Gliese 710 weder mit der Erde noch mit der Sonne kollidieren.

Obwohl aktuelle Messungen zeigen, dass es, zumindest aus astronomischer Sicht, eine knappe Sache wird.

Ganz exakt lässt sich die Bewegung eines Sterns über so lange Zeiträume nicht vorhersagen. Aber so, wie es momentan aussieht, wird sich Gliese 710 uns auf ungefähr 15 000 Astronomische Einheiten annähern. Das sind etwa 0,2 Lichtjahre oder 2 Billionen Kilometer, also ein ausreichend großer Sicherheitsabstand, wenn man bedenkt, dass der Abstand zwischen Erde und Sonne eine Astronomische Einheit beträgt und Neptun, der sonnenfernste Planet, auch nur 30 Astronomische Einheiten entfernt ist.

Der direkte Einfluss von Gliese 710 auf die Erde wird sich also in Grenzen halten. Indirekt könnte die nahe Begegnung in ferner Zukunft aber durchaus dramatische Folgen haben. Denn unser Sonnensystem ist von einer riesigen Wolke aus Asteroiden und Kometen umgeben. Diese »Oortsche Wolke« erstreckt sich bis zu einem ungefähren Abstand von 100 000 Astronomischen Einheiten, und Gliese 710 wird mitten hindurchfliegen. Die Billionen Felsbrocken, die sich dort befinden, stören uns in den inneren Bereichen des Sonnensystems normalerweise kaum. Sie sind alle weit entfernt von der Erde, und sie bleiben das auch. Nur durch äußere Störungen könnten einige davon dazu gebracht werden, ihre harmlosen Umlaufbahnen zu verlassen und sich auf den Weg in Richtung Sonne zu machen.

Der gravitative Einfluss von Gliese 710 ist genau so eine äußere Störung, und er könnte dafür sorgen, das sich die Zahl der Kometen- und Asteroideneinschläge auf den Planeten des Sonnensystems erhöht. Wie viele davon die Erde treffen könnten, lässt sich jetzt natürlich noch nicht vorhersagen. Aber wenn es in dieser fernen Zukunft noch Menschen gibt, dann haben die hoffentlich längst entsprechende Methoden zur Asteroidenabwehr entwickelt. Dafür können sie Gliese 710 dann aber auch mit bloßem Auge am Himmel sehen. Er wird in der Nacht heller leuchten als der Mars – und uns daran erinnern, dass wir die Sterne nicht aus dem Blick verlieren sollten, auch wenn das Nichts im Universum dominiert.

93

GRB 080319B

Die größten Explosionen im Universum

Am 19. März 2008 konnte man mit bloßem Auge so weit ins Universum schauen wie nie zuvor. Zumindest 30 Sekunden lang – und wenn man zufällig zur richtigen Zeit die richtige Stelle ins Visier genommen hatte. Im Sternbild des Bärenhüters ist damals ein neuer, schwach leuchtender Stern erschienen, der gerade noch so ohne optische Hilfsmittel sichtbar war. Tatsächlich handelte es sich bei dem neuen »Stern« jedoch um die gewaltigste Explosion, die man bis zu diesem Zeitpunkt je registriert hatte. 7,5 Milliarden Jahre lang war ihr Licht quer durch das Universum bis zu uns unterwegs. Das, was vor so langer Zeit in einer weit entfernten Galaxie stattgefunden hat, wird »Gammablitz« genannt, und es kann einem fast ein bisschen Angst einjagen.

Erschrocken waren vermutlich auch die Menschen, die 1967 die Beobachtungsdaten der Vela-Satelliten ausgewertet haben. Die USA verwendeten sie, um die Einhaltung des Atomteststoppabkommens zu überprüfen, das die Sowjetunion,

Großbritannien und Amerika 1963 geschlossen hatten. Niemand sollte mehr Atombomben testen, zumindest nicht überirdisch, denn die Radioaktivität in der Erdatmosphäre war in den Jahren zuvor besorgniserregend angestiegen. Die Vela-Satelliten sollten vom Weltall aus kontrollieren, ob sich auch wirklich alle an das Abkommen hielten. Eine überirdische Atomexplosion würde jede Menge hochenergetische Strahlung freisetzen, die von den Messinstrumenten registriert werden konnte.

Genau diese »Gammastrahlung« konnte am 2. Juli 1967 beobachtet werden, und zwar in einem gigantischen Ausmaß. Nach dem anfänglichen Schock war jedoch schnell klar, dass hier niemand auf der Erde das Atomteststoppabkommen umgangen hatte. Die Explosion war viel gewaltiger als alles, was Atomwaffen hätten anrichten können, und sie fand nicht auf der Erde, sondern irgendwo im Weltall statt. In den folgenden Jahren wurden immer mehr dieser »Gammablitze« genannten Ereignisse beobachtet. Was sie verursachte, war unklar, und die allgemeine Verwirrung wuchs, als man feststellte, dass die Explosionen fern im Universum stattfanden und ihr Licht aus weit von der Milchstraße entfernten Galaxien zu uns gelangte.

Fest stand nur, was auch immer da explodiert: In wenigen Sekunden wird dabei mehr Energie abgestrahlt, als unsere Sonne es während ihrer gesamten Lebensdauer von mehreren Milliarden Jahren tut. Astronominnen und Astronomen fanden immer mehr Gammablitze und konnten sie bald in zwei Kategorien einteilen: Manche leuchteten nur für wenige Sekunden hell auf, andere eine halbe Minute oder länger. Und mittlerweile weiß man, dass man es mit zwei unterschiedlichen Phänomenen zu tun hat.

Die langen Gammablitze werden vermutlich von sogenannten »Hypernovae« verursacht. So wie bei einer Supernova explodiert auch bei einer Hypernova ein großer Stern. In diesem Fall aber ein enorm großer Stern mit einer entsprechend großen Explosion. Der innere Bereich eines extrem massereichen Sterns kann am Ende seines Lebens unter seinem eigenen Gewicht in sehr kurzer Zeit direkt zu einem Schwarzen Loch kollabieren. Die äußeren Schichten des Sterns wirbeln dann extrem schnell um das neu entstandene Loch herum, werden dabei stark aufgeheizt und erzeugen so die enorme Gammastrahlung, die in eng fokussierten Strahlen hinaus ins All geschickt wird.

Die kurzen Gammablitze entstehen dagegen immer dann, wenn zwei Neutronensterne kollidieren. Die entstehen beim Tod etwas leichterer Sterne und sind extrem kompakt. Auf einer Größe von wenigen Kilometern vereinen sie eine Masse, die der unserer Sonne entspricht. Wenn zwei von ihnen kollidieren, verschmelzen sie zu einem Schwarzen Loch, und auch hier wird Gammastrahlung frei.

Die bisher beobachteten Gammablitze fanden alle in fernen Galaxien statt und können uns nicht gefährlich werden. Folgen für uns könnte so eine Explosion nur haben, wenn sie in einer Distanz von weniger als etwa 3000 Lichtjahren stattfindet. Dann kann ein Gammablitz die Ozonschicht der Erde zerstören, die uns vor der schädlichen UV-Strahlung der Sonne schützt. Vielleicht war so ein Ereignis vor 443 Millionen Jahren sogar für das sogenannte »Ordovizische Massensterben« verantwortlich, bei der mehr als 85 Prozent aller damals auf der Erde vorhandenen Arten verschwanden. Bis jetzt gibt es allerdings keine Hinweise, dass tatsächlich ein Gammablitz in unserer kosmischen Nachbarschaft stattgefunden hat.

Und es ist auch kein ausreichend großer und naher Stern bekannt, der in der unmittelbaren Zukunft zur Hypernova und für uns gefährlich werden könnte.

94

GW150914

Das Licht der Gravitation

»GW150914« ist keine Bezeichnung für einen Stern, sondern für ein Ereignis, mit dem am 14. September 2015 eine ganz neue Art der Astronomie begonnen hat. An diesem Tag gelang endlich das, was man schon seit Jahrzehnten versuchte: die erste direkte Messung von Gravitationswellen.

Die Existenz dieses Phänomens wurde 1916 von Albert Einstein vorhergesagt. Die erstaunliche Folge seiner kurz zuvor veröffentlichten Allgemeinen Relativitätstheorie war ein völlig neuer Blick auf die Struktur des Raums. Er war nicht einfach nur da, sondern verformbar. Jede Masse krümmt die Raumzeit, und wir spüren diese Verformungen als Gravitationskraft. Veränderungen in der Krümmung des Raums können sich laut Einstein außerdem nur mit Lichtgeschwindigkeit ausbreiten. Und die von ihm vorhergesagten Gravitationswellen sind nichts anderes als solche sich im Raum ausbreitenden Veränderungen seiner Krümmung.

Damit die entstehen, braucht es ein System aus sich beschleunigt bewegten Massen, zum Beispiel zwei Himmelskörper, die umeinander kreisen. Während die Erde sich etwa um die Sonne herum bewegt, gehen von ihr ständig Gravitationswellen aus, so wie von einem Stein, den man ins Wasser wirft. Nur sind die Wellen im Fall der Erde derart schwach, dass wir keine Chance haben, sie nachzuweisen.

Das ist aber auch in jedem anderen Fall schwierig. Denn wenn eine Gravitationswelle auf die Erde trifft, dann verändert sich der gesamte Raum. Die Erde wird, vereinfacht gesagt, ein bisschen gestaucht und dann wieder gedehnt. Aber da es eben der gesamte Raum ist, der sich verändert, trifft das nicht nur auf die Erde zu, sondern auf alles. Alle Längen ändern sich, alle Abstände: Alles wird von den Gravitationswellen beeinflusst, wir ebenso wie unsere Messinstrumente.

Man muss also ganz spezielle Detektoren konstruieren, um ihnen auf die Spur zu kommen. Dazu verwendet man einen Laser, der sein Licht gleichzeitig in zwei verschiedene Richtungen aussendet. Nach einer gewissen Distanz werden beide Strahlen reflektiert und wieder zurück zum Ursprung geschickt. Wenn die beiden zurückgelegten Strecken exakt gleich lang waren, müssten sie dort auch exakt zur gleichen Zeit wieder ankommen. Läuft aber gerade in diesem Moment eine Gravitationswelle durch den Detektor, ist das nicht der Fall. Denn dann wird der Raum in die eine Richtung gestreckt, während er gleichzeitig in die andere Richtung gestaucht wird. Das Licht bewegt sich aber immer mit der gleichen Geschwindigkeit, sodass die beiden Strahlen daher nicht mehr synchron sind.

Das Prinzip ist einfach, um einen funktionierenden Gravitationswellendetektor zu bauen, hat es jedoch Jahrzehnte gedauert. Man muss die vom Licht zurückgelegte Distanz mit einer Genauigkeit messen, die kleiner als der Durchmesser eines Atomkerns ist. Als das endlich gelang, war die Suche überraschend schnell erfolgreich: Noch während der ersten

Testläufe fand man im September 2015 das Signal, das man finden wollte. Es stammte von der Kollision zweier Schwarzer Löcher. Das eine hatte die 36-fache Masse der Sonne, das andere ihre 29-fache Masse. Beide umkreisten sich in engem Abstand und verursachten dadurch Gravitationswellen, die stark genug waren, um vom Detektor registriert zu werden.

In den letzten 0,2 Sekunden vor der endgültigen Kollision der beiden Schwarzen Löcher erhöhte sich die Geschwindigkeit, mit der sie sich umeinander bewegten, von 30 auf 60 Prozent der Lichtgeschwindigkeit. In diesen allerletzten Momenten ihrer Existenz brachten die Himmelskörper die Raumzeit so stark zum Schwingen, dass wir es noch in der Distanz von 1,4 Milliarden Lichtjahren messen konnten, die uns vom Ort der Kollision trennt. Nach diesem ersten Nachweis von Gravitationswellen (der im Jahr 2017 mit dem Nobelpreis für Physik ausgezeichnet wurde) hat man mittlerweile schon fast ein Dutzend weiterer solcher Ereignisse detektiert, und es werden noch viel mehr folgen.

Die Gravitationswellen erlauben uns, Forschung auf eine völlig neue Art zu betreiben. Bisher waren wir auf Licht angewiesen, also auf elektromagnetische Strahlung, wenn wir Informationen über den Kosmos sammeln wollten. Nun können wir das Universum auch mit Gravitation beobachten. Wir können Ereignisse »sehen«, die im normalen Licht unsichtbar sind. Wir können das Verhalten Schwarzer Löcher untersuchen und mit den Gravitationswellendetektoren der Zukunft vielleicht sogar die Ereignisse analysieren, die unmittelbar nach dem Urknall passiert sind. Damals wurde das Universum auf eine Art und Weise zum Schwingen gebracht, die uns verraten könnte, wie es entstanden ist. Mit dem »Licht der Gravitation« hat in der Astronomie eine ganz neue Ära begonnen.

95

R136a1

Das Monster im Tarantelnebel

Für einen Rekordhalter hat der Stern R136a1 einen ziemlich uninspirierten Namen. Zum Glück befindet er sich jedoch im dramatisch benannten »Tarantelnebel«, sodass man ihn, so wie auch ich es in der Überschrift dieses Kapitels getan habe, auf ausreichend respekteinflößende Art und Weise ansprechen kann.

Denn R136a1 ist von allen der Astronomie bekannten Sternen derjenige, der am hellsten leuchtet und die größte Masse hat. Er leuchtet zehn Millionen Mal heller als die Sonne, und dass wir davon nichts mitbekommen, liegt nur an seiner großen Entfernung. Zusammen mit den kosmischen Wolken des ihn umgebenden Tarantelnebels befindet er sich fast 180 000 Lichtjahre entfernt in der Großen Magellanschen Wolke, einer unserer Nachbargalaxien.

Wäre R136a1 dort, wo sich unsere Sonne befindet, dann würde er die Helligkeit der Sonne im gleichen Ausmaß übertreffen, wie die Sonne unseren Mond überstrahlt. R136a1 ist ganze 265-mal schwerer als die Sonne, und wäre er wirklich das Zentrum des Sonnensystems, würde sich die Erde aufgrund der massiv erhöhten Anziehungskraft nicht in 365 Tagen einmal um ihn herum bewegen, sondern nur 21 Tage dafür brauchen.

Und als dieser gewaltige Stern entstanden ist, war er noch viel schwerer. Denn im Gegensatz zu uns Menschen verlieren Sterne im Laufe ihres Lebens Gewicht. Je mehr Masse ein Stern besitzt, desto gewaltiger ist der Druck, der durch diese

Masse auf sein Inneres wirkt, und desto höher sind die dort herrschenden Temperaturen. Je heißer ein Stern ist, desto schneller bewegen sich die Atome des Gases, aus dem er besteht – sowohl die in seinem Inneren als auch die an seiner Oberfläche.

Wo unsere Sonne an ihrer Oberfläche nur etwa 5000 Grad heiß ist, sind es bei R136a1 enorme 40 000 Grad. Die schnellen Atome können von der Gravitationskraft des Sterns nicht mehr zurückgehalten werden und strömen hinaus ins All. Durch diesen »Sternwind« verliert ein Stern Masse, und zwar umso mehr, je heißer er ist. R136a1 hat so schon das 35-Fache der Sonnenmasse verloren: Bei seiner Geburt war er sogar 300-mal schwerer als die Sonne.

Dabei ist der gewaltige Stern noch gar nicht so alt, zumindest nicht nach astronomischen Maßstäben. Er ist erst vor einer Million Jahre entstanden, also noch ein kosmisches Baby. Er wird allerdings auch nie das reife Alter unserer Sonne erreichen, die immerhin schon seit 4,5 Milliarden Jahren ihr Licht ins Universum schickt. Je mehr Masse ein Stern hat, desto heißer brennt er, und desto schneller verbrennt er auch das ihm zur Verfügung stehende Material. »Live fast, die young« gilt also nicht nur für amerikanische Schauspieler aus den 1950er-Jahren, sondern auch für Sterne. Recht viel mehr als noch ein paar Dutzend weitere Millionen Jahre wird R136a1 nicht durchhalten.

Dabei ist es schon überraschend genug, dass es ihn überhaupt gibt. Denn je höher die Temperatur eines Sterns, desto mehr Strahlung kann er abgeben. Die Strahlung drückt von innen auf die sie umgebende Masse des Sterns, und wenn sie zu groß wird, kann die nach innen wirkende Gravitationskraft ihr nichts mehr entgegensetzen. Der Stern zerreißt quasi durch seine eigene Strahlung, noch bevor er sein Sternenleben richtig beginnen konnte. Vor der Entdeckung von R136a1 im Jahr 2010 ging man eigentlich davon aus, dass kein Stern mehr als die 150-fache Masse der Sonne haben kann. Aber das Monster im Tarantelnebel hat die Astronomie zum Umdenken gezwungen. Anscheinend kann es auch Ausnahmen von dieser Regel geben. Oder andere Wege, wie sich so große Sterne bilden können – zum Beispiel durch die Verschmelzung mehrerer junger Sterne, die eng beieinander in einem Sternhaufen entstanden sind.

Was die allerhellsten der Sterne angeht, ist also noch einiges an Forschungsarbeit nötig, wenn wir sie komplett verstehen wollen. Und bis dahin kann man ja noch mal über einen vernünftigen Namen für R136a1 nachdenken.

96

Trappist-1

Die ewige Entdeckung der zweiten Erde

Eine »zweite Erde« sei endlich entdeckt worden, verkündeten einige Medien im Jahr 2017. Der Planet, um den es damals ging, umkreist den Stern mit der Bezeichnung »Trappist-1«. Auf den Bildern in den Medienberichten konnte man eine Welt mit einem Ozean sehen, auf dem Eisschollen unter einem Himmel treiben, an dem eine rote Sonne und andere Planeten prangen. In dieser Form existiert die »zweite Erde« aber nur in der Fantasie der Illustratoren. Und der Planet von Trappist-1 ist bei Weitem nicht die erste »zweite Erde«.

Eine solche wurde nämlich schon 2011 entdeckt, beim Stern HD 85512. Man fand sie auch 2012, diesmal beim Stern GJ 667C. Sie wurde 2014 bei Kepler-186 und 2015 bei Kepler-452 aufgestöbert. Im Jahr 2016 umkreiste eine »zweite Erde« den Stern Proxima Centauri, und auch in den Jahren davor und danach ist ihre Entdeckung regelmäßig von den Medien verkündet worden.

Der Wunsch nach einem solchem Planeten ist verständlich. Seit der Antike machen sich die Menschen Gedanken darüber, ob es neben der Erde auch noch andere Welten im Universum gibt. Der erste Planet, der einen anderen Stern als unsere Sonne umkreist, wurde allerdings erst 1995 entdeckt. In den mehr als 2000 Jahren davor und in den Jahrzehnten danach stand bei der Suche nach den fremden Welten aber immer eine Frage im Mittelpunkt: Ist da draußen irgendwo ein Planet, auf dem wir Menschen leben könnten? Ist die Erde eine einsame Oase, mitten in einem lebensfeindlichen Universum? Oder herrschen auch anderswo Bedingungen, die Leben hervorbringen können?

Die Planeten, die von den Astronominnen und Astronomen in den letzten Jahrzehnten gefunden wurden, waren alle keine »zweite Erde«. Sie waren zu groß, zu heiß, zu kalt oder anderweitig lebensfeindlich. In den ersten Jahren konnte man mit der vorhandenen Technik sowieso nur sehr große Planeten entdecken. Gasriesen wie Jupiter oder Saturn, die keine feste Oberfläche haben und damit definitiv keine »zweite Erde« sein können. Erst 2009 konnte bei der Entdeckung des Planeten CoRoT-7b zweifelsfrei nachgewiesen werden, dass es sich um einen Himmelskörper mit fester Oberfläche handelt. Es war der erste bekannte »terrestrische Planet«, und dass die Astronomie sich gerade diese Bezeichnung ausgesucht hat, ist vermutlich auch zum Teil für die mediale Schwemme an »zweiten Erden« verantwortlich.

»Terrestrisch« oder »erdähnlich« wird ein Planet genannt, der eine feste Oberfläche besitzt und im Wesentlichen aus Gestein mit einem metallischen Kern besteht. In unserem Sonnensystem trifft das neben der Erde auch auf Merkur, Venus und Mars zu, die wir im normalen Sprachgebrauch vermutlich nicht als »erdähnlich« bezeichnen würden. Alle drei sind extrem lebensfeindliche Welten – aber ähneln der Erde eben, was den inneren Aufbau angeht.

Auf einem im astronomischen Sinn erdähnlichen Planeten muss es noch lange kein erdähnliches Leben geben. Nur eine Handvoll der bisher bekannten terrestrischen Himmelskörper befindet sich überhaupt in der »habitablen Zone« um ihre Sterne, also dort, wo es nicht zu heiß und nicht zu kalt ist, sodass zumindest theoretisch lebensfreundliche Bedingungen herrschen könnten. Könnten, Konjunktiv, denn ob sie dort auch wirklich herrschen, wissen wir nicht. Dazu reicht unser Wissen über die Himmelskörper nicht aus. Solange wir nicht in der Lage sind, auch die Atmosphären der Planeten zu analysieren beziehungsweise festzustellen, ob sie überhaupt eine haben, solange wir nicht die Magnetfelder und die geologischen Vorgänge dort untersuchen können, so lange können wir auch nichts über die realen Bedingungen vor Ort aussagen. Und dazu werden wir erst mit der nächsten Generation der Weltraum- und Großteleskope in der Lage sein. Diese Geräte, wie zum Beispiel das Extremly Large Telescope, das die Europäische Südsternwarte gerade in Chile baut und das Mitte der 2020er-Jahre fertiggestellt sein soll, werden uns viel genauere Daten über die Planeten anderer Sterne liefern.

Die »zweite Erde« kann bis dahin nur eine Falsch- oder

falsch verstandene Meldung in den Medien sein. Nach mehr als 2000 Jahren müssen wir aber nun wirklich nicht mehr lange warten. Wenn es da draußen eine echte zweite Erde gibt, dann werden wir sie in den nächsten Jahrzehnten auch gefunden haben. Und Trappist-1 ist gar kein so schlechter Ort für die Suche. Der kleine, nur 40 Lichtjahre entfernte Stern wird von gleich sieben erdähnlichen Planeten umkreist. Drei von ihnen befinden sich in der habitablen Zone. Vielleicht stellen sich die übertriebenen Illustrationen in den Medien ja mit etwas Verspätung doch noch als nicht allzu falsch heraus.

97

P Cygni

Die naheliegende Frage nach der fernen Sicht

Wie weit kann man schauen? Circa 5 Kilometer, sofern einem nichts den Blick verstellt und die Atmosphäre klar ist. Dann trifft der Blick eines durchschnittlich großen Menschen auf die Krümmung der Erdoberfläche. Aber was, wenn man den Blick nach oben zum Himmel richtet? Welcher der Sterne, die dort in einer klaren Nacht zu sehen sind, ist eigentlich am weitesten entfernt?

Das ist eine naheliegende Frage, deren Antwort trotzdem nur sehr schwer zu finden ist. Das fängt schon mit dem Wort »sehen« an. Sehen kann man umso mehr, je besser die optischen Instrumente sind, die man zur Verfügung hat. Mit ausreichend guten Teleskopen kann man unvorstellbar weit entfernte Galaxien beobachten, aber das meinen wir ja normalerweise nicht, wenn wir »sehen« sagen. Da reden wir von unseren eigenen Augen, und die sind von Mensch zu Mensch verschieden. Und die Bedingungen, unter denen wir sie einsetzen können, spielen auch eine Rolle. Mitten im Zentrum einer auch nachts hell erleuchteten Großstadt sehen wir natürlich wesentlich weniger Sterne als in einer dunklen Nacht irgendwo in der menschenleeren Wüste.

Dazu kommt das Problem der Entfernungsbestimmung. Sterne zu sehen ist einfach; ihre genaue Entfernung zu bestimmen dagegen viel schwerer. Es gibt noch längst nicht für alle freiäugig sichtbaren Sterne so exakte Distanzmessungen, dass sich die Frage nach dem am weitesten entfernten noch sichtbaren Stern eindeutig beantworten ließe.

Ein Kandidat wäre zum Beispiel der Stern HD 70761, der gerade so hell leuchtet, dass er unter optimalen Bedingungen und mit sehr guten Augen ohne Hilfsmittel beobachtet werden könnte. Aber abgesehen von seiner Existenz und einer Distanz, die 10 000 Lichtjahre deutlich überschreiten könnte, ist nicht viel über diesen Himmelskörper bekannt. Ein wenig interessanter ist da schon V509 Cassiopeia, ein gelber Riesenstern in (vielleicht) mehr als 8000 Lichtjahren Entfernung. Er ist fast 1000-mal größer als unsere Sonne, leuchtet 350 000-mal so hell und ist schon deutlich besser zu sehen als HD 70761.

Aber wenn es sowieso noch keine eindeutige Antwort gibt, dann kann man auch gleich den Stern P Cygni zum Gewinner küren. Der ist mit einer Entfernung von an die 7000 Lichtjahren auch relativ weit weg, und darüber hinaus gibt es einiges über ihn zu erzählen. Obwohl er heute vergleichsweise gut und auch mit bloßem Auge sichtbar ist, hat ihn vor dem 17. Jahrhundert noch nie jemand bemerkt. Erst am 18. August 1600 wurde er vom niederländischen Kartografen Willem Blaeu entdeckt. Der Stern tauchte plötzlich und sehr hell im Sternbild Schwan auf, verdunkelte sich aber schnell wieder, bis er 1626 ohne Teleskop gar nicht mehr zu sehen war. In den folgenden Jahrzehnten stand er mal heller und mal dunkler am Himmel, und erst ab 1715 stieg seine Helligkeit langsam wieder auf den heutigen Wert an.

Bei P Cygni handelt es sich um einen »Leuchtkräftigen Blauen Veränderlichen (LBV)«. So nennt man heiße, blaue Sterne, die das Ende ihres Lebens schon fast erreicht haben. Es sind Sterne mit der größten Masse, die ein Stern überhaupt haben kann, und sie sind deswegen auch enorm heiß und hell. P Cygni leuchtet mehr als eine halbe Million Mal heller als unsere Sonne, und die Kraft dieser Strahlung ist gerade dabei, ihn regelrecht auseinanderzureißen. Immer wieder stößt er Teile seiner Atmosphäre und äußeren Gasschichten ab, und diese Veränderungen sorgen für die Schwankungen seiner Helligkeit. Diese chaotische Phase hält ein LBV nur ein paar Zehntausend Jahre aus, dann beendet er sein Leben in einer gewaltigen Explosion.

Angesichts der Tatsache, dass es P Cygni also in – zumindest aus astronomischer Sicht – naher Zukunft nicht mehr geben wird, kann man ihm in der Zwischenzeit also durchaus noch den Titel des »fernsten ohne Hilfsmittel sichtbaren Sterns« verleihen.

98

Outcast

Hyperschnell durch die Milchstraße

»Outcast« bewegt sich mit 709 Kilometern pro Sekunde durch das Weltall. Das ist schnell, sogar für einen Stern. Es ist sogar so schnell, dass die Gravitationskraft der gesamten Milchstraße mit all ihren Milliarden von Sternen nicht in der Lage ist, ihn zurückzuhalten. In ferner Zukunft wird Outcast, der sich jetzt schon in den äußeren Bereichen unserer Galaxie befindet, diese ganz verlassen und die Leere des intergalaktischen Raums erreichen.

Outcast ist ein heißer, junger Stern. Er ist nur 350 Millionen Jahre alt und hat in seiner für einen Stern recht kurzen Existenz schon einiges erlebt. Vermutlich wurde er gemeinsam mit einem Partner als Teil eines Doppelsternsystems geboren, irgendwo in der Nähe des galaktischen Zentrums. Dort läuft alles ein wenig hektischer ab als in den Randbezirken der Milchstraße, wo unsere Sonne und wir zu Hause sind. Im Zentrum der Milchstraße sind die Abstände zwischen den Sternen viel geringer. Und wenn man nicht aufpasst, trifft man auf das Supermassereiche Schwarze Loch.

So wie in allen anderen großen Galaxien sitzt auch in unserer Heimatgalaxie eines dieser gewaltigen Objekte im Zentrum. Mit der viermillionenfachen Masse unserer Sonne beeinflusst es durch seine Gravitationskraft und die in seiner Umgebung ablaufenden hochenergetischen Prozesse die Entwicklung der gesamten Milchstraße. Und hat vor ungefähr hundert Millionen Jahren auch das Schicksal von Outcast besiegelt.

Wir wissen, dass Outcast sich damals in der Nähe des Milchstraßenzentrums herumgetrieben haben muss. Denn wir beobachten ja, wohin er sich gerade bewegt, und zwar genau in die entgegengesetzte Richtung, so, als würde er dem Zentrum möglichst schnell entkommen wollen. Was auch genau das ist, was er tut.

Damals umkreisten er und sein Partnerstern einander und bewegten sich gleichzeitig gemeinsam um das zentrale Supermassereiche Schwarze Loch in der Mitte der Milchstraße. Was einem Schwarzen Loch jedoch zu nahe kommt, kommt nicht mehr weg – genau das ist dem Partner von Outcast passiert, und er selbst ist nur gerade so entkommen. Das Doppelsternsystem wurde in unmittelbarer Nähe zum Schwarzen Loch durch seine enorme Anziehungskraft zerrissen. Der Partnerstern wurde vom Loch verschluckt, Outcast dagegen weggeschleudert wie der plötzlich losgelassene Hammer beim Hammerwurf.

So zumindest stellte man sich es vor, als man Outcast im Jahr 2005 entdeckte. Er war der erste und damals einzige bekannte »Hyperschnellläufer«. So nennt man Sterne, die schnell genug sind, um die Anziehungskraft der Milchstraße zu überwinden. Mittlerweile kennt man fast zwei Dutzend davon, und nicht alle können ihre Geschwindigkeit dem zentralen Schwarzen Loch verdanken. Manche von ihnen kommen aus der falschen Richtung oder sind viel zu jung; selbst bei ihren hohen Geschwindigkeiten wären sie nicht in der Lage gewesen, die Distanz zwischen dem zentralen Schwarzen Loch und ihrem aktuellen Aufenthaltsort innerhalb ihrer Lebensspanne zurückzulegen. Es muss also auch noch andere Mechanismen geben, die Sterne auf derart enorme Geschwindigkeiten beschleunigen können.

Aber welche das sind, darüber ist man sich noch nicht einig. Gewaltige Supernova-Explosionen könnten die Ursache sein. Oder sie entstammen der Begegnung der Milchstraße mit einer anderen Galaxie. So etwas fand in der Vergangenheit immer wieder statt, und wenn sich beide Galaxien sehr nahe kommen, könnte die Milchstraße mit ihrer Gravitationskraft ein paar Sterne der anderen Galaxie an sich gerissen haben. Vielleicht gibt es aber auch noch eine ganz andere Ursache, die sich allen bisher bekannten Erklärungen entzieht.

99

S Monocerotis

Die Spiralgalaxie im Weihnachtsbaum

Es ist eigentlich ein wenig peinlich, wie lange wir gebraucht haben, um die Form unserer eigenen Milchstraße zu erkennen. Jahrzehntelang konnten wir weit entfernte Galaxien in all ihrer Pracht bewundern und hatten doch keine Ahnung, wie unsere eigene Heimat im Kosmos aussieht. In eine etwas schiefe Metapher gefasst: Wir konnten den Wald vor lauter Bäumen nicht sehen.

Von unserem Beobachtungspunkt inmitten all der Milliarden Sterne der Milchstraße aus war es schlicht nicht möglich, sich einen vernünftigen Überblick zu verschaffen. Bis zum Tag nach Weihnachten im Jahr 1951: Da ließ der amerikanische Astronom William Morgan einen ganzen Saal voller sonst eher zurückhaltender Wissenschaftler in wilden Applaus und triumphales Fußgestampfe ausbrechen. Denn er präsentierte die ersten Bilder, auf denen die Struktur der Milchstraße zu erkennen war. Mit dabei auf diesem Bild war der Stern S Monocerotis, der sich passenderweise in einer Region des Himmels befindet, die »Weihnachtsbaum-Sternhaufen« genannt wird.

Lange Zeit hatte man gedacht, die Milchstraße sei einfach nur ein flacher Haufen voller Sterne, eine Scheibe ohne weitere Struktur. Dann aber stellte der Astronom Edwin Hubble in den 1920er-Jahren fest, dass es sich bei all den Spiralnebeln am Himmel in Wahrheit um weit entfernte Spiralgalaxien handelte. Sie waren kein Teil der Milchstraße, sondern gigantische Ansammlungen voller Sterne, die durch ebenso gigantische Leerräume von uns getrennt waren. Nun wollte man natürlich wissen, ob wir selbst nicht in einer ebensolchen Galaxie mit spiralförmig angeordneten Sternen leben. Dazu müsste man eigentlich nur unsere Distanz zu den Sternen vermessen und sie auf einer dreidimensionalen Karte einzeichnen.

Das aber ist leichter gesagt als getan. Einerseits gibt es viel zu viele Sterne – selbst heute haben wir gerade mal eine Milliarde der an die 200 Milliarden Sterne der Milchstraße genau vermessen. Andererseits ist die Entfernungsmessung nicht nur umso schwerer, je weiter entfernt ein Stern sich befindet. Die wirklich weit entfernten Sterne kann man unter Umständen gar nicht sehen, erst recht in der ersten Hälfte des 20. Jahrhunderts, als die Teleskope noch nicht so gut waren wie heute.

Trotzdem wollte William Morgan wissen, wie die Milchstraße denn nun aussah. Und er kam auf die pragmatische Idee, nur die wirklich hellen Sterne für seine Vermessung zu benutzen, die man auch noch in großer Entfernung beobachten konnte. Außerdem wusste er von der Erforschung anderer Spiralgalaxien, dass sich genau solche hellen, jungen, blauweißlich leuchtenden Sterne vor allem in den Spiralarmen von Galaxien bilden. S Monocerotis ist so ein Stern – oder vielmehr zwei Sterne, Plural, denn es handelt sich um einen Doppelstern, der aus zwei Himmelskörpern mit jeweils der mehr als 20-fachen Masse der Sonne besteht.

Ein Problem aber blieb trotzdem: Der kosmische Staub, der sich überall zwischen den Sternen der Milchstraße befindet, blockiert einen Teil des Lichts und macht es schwer, die Entfernung der Sterne zu bestimmen. Man kann das Problem jedoch umgehen, da der blaue Anteil des Sternenlichts vom Staub stärker beeinflusst wird als der rote Anteil. Aus einem Vergleich der Helligkeit des Sterns in den jeweiligen Farben lässt sich berechnen, wie stark der Staub sein Licht beeinflusst.

Das funktioniert aber nur, wenn man vorher genau weiß, in welcher Farbe der Stern eigentlich vorrangig leuchtet. Eher blau? Ein bisschen weniger blau? Blau-weißlich oder ganz weiß? Genau diese Information verbirgt aber ja der Staub. Man kann die Farbe eines Sterns jedoch auch auf anderem Weg finden. Dazu muss man wissen, wie heiß er ist, und das kann man anhand seiner chemischen Zusammensetzung bestimmen. Wie man Sterne auf diese Art klassifiziert, hatte man schon zu Beginn des 20. Jahrhunderts herausgefunden, aber gerade bei den für Morgan interessanten hellen, jungen Sternen waren diese »Spektraltypen« noch nicht gut verstanden. Er musste also erst mühsam einen Weg finden, auch diese Sterne widerspruchsfrei in das bestehende System einsortieren zu können.

Aber es gelang, und 1951 konnte er die Beobachtungsdaten

von S Monocerotis und anderen Sternen zu einem Bild zusammensetzen, das zwei Spiralarme zeigte. Auch wir leben also in einer Spiralgalaxie. Wie die aber im Detail aussieht und wie viele Spiralarme sie tatsächlich hat, ist heute immer noch nicht völlig klar. Die Bäume versperren uns noch immer die Sicht auf den Wald …

100

Zeta Ophiuchi

Kosmische Strahlung und Klimawandel

Das Weltall ist voll mit kosmischer Strahlung. Das sind Teilchen wie Elektronen oder Protonen, die aus allen Richtungen kommen. Manche stammen von der Sonne, manche von anderen Sternen, und manche kommen sogar von fernen Galaxien bis zu uns. Die kosmische Strahlung wird bei Supernova-Explosionen freigesetzt und von Sternen während ihres ganz normalen Lebens gemeinsam mit ihrem Licht hinaus ins All abgegeben.

Wir hier auf der Erde kriegen die meiste kosmische Strahlung von der Sonne; die Sonne schützt uns aber auch vor der kosmischen Strahlung, die uns von außerhalb erreicht. Sie drückt quasi mit ihrer eigenen Teilchenstrahlung, dem »Sonnenwind«, nach außen und errichtet so eine Barriere, die die »fremde« kosmische Strahlung blockiert. Das funktioniert unterschiedlich gut, je nachdem, ob der Sonnenwind gerade stärker oder schwächer ist.

Wenn die Teilchen der kosmischen Strahlung auf die Erdatmosphäre treffen, können sie dort die Aerosole beeinflussen. Das sind kleine Partikel – Ruß, Pollen, Staub, Bakterien und vieles mehr, das in der Luft herumfliegt. Bei der Wechselwirkung mit der kosmischen Strahlung können die Aerosole sich elektrisch aufladen. Dann können sich die Wassertropfen in der Luft dort besser anlagern und leichter große Wolken bilden – je mehr kosmische Strahlung, desto mehr Wolken. Und Veränderungen in der kosmischen Strahlung sorgen so für Veränderungen in der Wolkenmenge in der Atmosphäre und damit für Änderungen im Klima der Erde. Der Klimawandel hat also nichts mit den Treibhausgasen zu tun, die wir Menschen in die Atmosphäre pusten. Sondern mit ganz natürlichen Variationen des Sonnenwindes und der kosmischen Strahlung.

Diese Geschichte erzählen besonders die Menschen gerne, die die Erkenntnisse der Klimaforschung leugnen und sich nicht um Klimaschutz kümmern wollen. Und sie können sich dabei immerhin auf einen echten Physiker berufen: Henrik Svensmark, der die These vom Einfluss der kosmischen Strahlung auf das Klima 1997 aufgestellt hat. In einem Buch aus dem Jahr 2007 (»The chilling stars«) führt er das Thema weiter aus und unter anderem den Stern Zeta Ophiuchi als Beleg für seine Behauptungen an.

Er gehört zu den hundert hellsten Sternen am Nachthimmel, befindet sich momentan in einer Entfernung von 360 Lichtjahren und bewegt sich enorm schnell. Man geht davon aus, dass er vor ungefähr einer Million Jahren einen gewaltigen Schubs bekommen hat. Damals war er noch Teil eines Doppelsternsystems; sein Partner ist aber bei einer Supernova explodiert und hat Zeta Ophiuchi auf seinen rasanten Weg durch die Milchstraße geschickt. Und da diese Supernova, die vergleichsweise nahe am Sonnensystem stattgefunden hat, auch jede Menge kosmischer Strahlung erzeugte, habe es, so Svensmark, vor einer Million Jahren eine Eiszeit auf der Erde gegeben. So wie alle anderen Eiszeiten auch durch explodierende Sterne ausgelöst worden seien. Und so, wie auch der aktuelle Klimawandel eben nichts mit uns Menschen zu tun habe, sondern der momentan besonders gut funktionierenden Schutzfunktion des Sonnenwinds anzulasten sei.

Klimawandelleugner stürzen sich natürlich begeistert auf diese Argumentation. Und tatsächlich ist sie physikalisch nicht unplausibel – der Mechanismus kann prinzipiell funktionieren. Eine Menge Forscherinnen und Forscher haben Svensmarks Thesen seit damals immer wieder überprüft und jedoch festgestellt, dass die kosmische Strahlung einen viel geringeren Einfluss auf die Wolkenbildung hat, als Svensmark annahm. Mittlerweile hat das europäische Kernforschungszentrum CERN die Wolkenbildung sogar in Laborexperimenten und mit von Teilchenbeschleunigern erzeugter kosmischer Strahlung simuliert. Und auch hier lautet der Befund: Der Mechanismus existiert zwar, ist aber viel zu schwach, um relevante Auswirkungen auf das Klima zu haben.

Zusammen mit dem, was die Klimawissenschaft in den letzten Jahrzehnten herausgefunden hat, steht also definitiv fest: Wir Menschen sind dafür verantwortlich, dass es auf der Erde immer wärmer wird. Wir müssen uns selbst um den Klimaschutz kümmern und können die Verantwortung für unser Handeln nicht auf die Sterne abwälzen.

Noch mehr Geschichten des Universums

Meine Geschichte des Universums ist zu Ende. Es ist die Version, die ich erzählen wollte, aber natürlich gibt es noch zahlreiche andere Fakten und Mythen über den Himmel, andere Protagonisten und andere Geschichten, die ihren Weg nicht in dieses Buch gefunden haben. Jeder Mensch hat seinen ganz eigenen Blick auf die Sterne, und ich hoffe, dass dieses Buch viele Leserinnen und Leser dazu inspiriert, selbst zu den Sternen zu schauen und über das Universum nachzudenken.

Wer bei der Betrachtung des nächtlichen Himmels ein wenig Anleitung benötigt, kann sie zum Beispiel in den hervorragenden Büchern »Zwilling, Stier und Großer Bär« und »Der große Bär im Sternenmeer: Sternbilder sehen und verstehen« von H. A. Rey finden, die zwar eigentlich für Kinder geschrieben wurden, aber von Erwachsenen mit ebenso großem Vergnügen gelesen werden können. Etwas nüchterner, aber sehr informativ kann man sich in dem jährlich erscheinenden Nachschlagewerk »Kosmos Himmelsjahr« von Hans Ulrich Keller Orientierung über die Ereignisse am Himmel verschaffen. Das Buch »Den Himmel lesen lernen« von Emily Winterburn hält nicht nur, was der Titel verspricht, sondern enthält auch noch viele der wunderbaren Mythen, die wir uns über die Sterne am Himmel erzählen. Sie kann man auch in den Büchern »Als die Götter noch mit Menschen rangen« von Susanna Hislop und Hannah Wadron und »In den Sternen« von Ulf von Rauchhaupt finden. Wer ganz tief in die Historie der Sternbilder eindringen will, sollte auch das etwas akademischere Werk »The Lost Constellations: A History of obsolete, extinct, or forgotten star lore« von John C. Barentine berücksichtigen.

Ich habe mich bemüht, in meinem Buch möglichst viele verschiedene Themenbereiche der Astronomie zu inkludieren, um deutlich zu machen, wie vielfältig und bunt die Beschäftigung der Menschen mit dem Himmel war und ist. Aber trotz allem war es nur ein kurzer Blick in ein Universum voller Geschichten, die ein einzelner Mensch unmöglich alle selbst erzählen kann. Zum Glück gibt es viele andere, die selbst Bücher geschrieben haben, um ihre eigenen Geschichten über das Universum zu erzählen. Allen interessierten Leserinnen und Lesern möchte ich daher zum Abschluss noch eine kleine Liste mit entsprechenden Werken ans Herz legen. Sie ist nicht vollständig, aber sie enthält viele der Bücher, die ich selbst beim Schreiben meines Buches als Quellen herangezogen habe, und solche, die ich schlicht sehr lesenswert finde. Das soll aber niemanden davon abhalten, selbst auf Entdeckungsreise im Bücherkosmos zu gehen – man kann nie genug Geschichten über das Universum lesen!

Dank

Ich möchte mich ganz besonders bei meinem alten Lektor Christian Koth und meiner neuen Lektorin Annika Domainko bedanken. Ohne die Hilfe der beiden wäre dieses Buch längst nicht so gut geworden, wie es jetzt hoffentlich ist. Dazu beigetragen haben auch Dagmar Fuchs, Ruth Grützbauch, Matthias Kittel, Dieter Kreuer und Elke Pehamberger-Müllner, die das Buch in den diversen Stadien seiner Entstehung gelesen und mir mit ihren hilfreichen Kommentaren gezeigt haben, wo ich es noch verbessern kann. Und das lauteste Danke geht natürlich an all die Menschen, die im Laufe der Jahrtausende zum Himmel geblickt und all die Dinge über das Universum herausgefunden haben, die wir heute wissen. Ohne sie gäbe es all die Geschichten nicht. Und ich hoffe, dass die Menschen auch in der Zukunft nicht aufhören werden, sich Geschichten über die Sterne zu erzählen.

Lektüretipps

Dort, wo deutsche Ausgaben existieren, habe ich diese Werke angeführt, ansonsten erscheinen sie unter ihrem Originaltitel.

Allgemeine und populärwissenschaftliche Bücher über Astronomie

»Big Bang« von Simon Singh, München 2005.

»Kann das alles Zufall sein? Geheimnisvolles Universum« von Heinz Oberhummer, Salzburg 2008.

»Der große Entwurf: Eine neue Erklärung des Universums« von Stephen Hawking und Leonard Mlodinow, Reinbek bei Hamburg 2010.

»SPACE – Eine Entdeckungsgeschichte des Weltalls« von Heather Couper und Nigel Henbest, Hamburg 2016.

»Das Universum ist eine Scheißgegend« von Martin Puntigam, Heinz Oberhummer und Werner Gruber, München 2015.

»Der Komet im Cocktailglas« von Florian Freistetter, München 2013.

Biografische Werke

»Der Astronom und die Hexe: Johannes Kepler und seine Zeit« von Ulinka Rublack, Stuttgart 2018.

»Und die Sonne stand still: Wie Kopernikus unser Weltbild revolutionierte« von Dava Sobel, Berlin 2012.

»Der Kaiser und sein Astronom: Friedrich III. und Georg von Peuerbach« von Friedrich Samhaber, Peuerbach 1999.

»Miss Leavitt's Stars: The Untold Story of the Woman Who Discovered How to Measure the Universe« von George Johnson, New York 2005.

»Sternenflug und Sonnenfeuer: Drei Astronominnen und ihre Lebensgeschichte« von Charlotte Kerner und Doro Göbel, Weinheim/Basel 2004.

»The Quiet Revolution of Caroline Herschel: The Lost Heroine of Astronomy« von Emily Winterburn, Stroud 2017.

»Cecilia Payne-Gaposchkin: An Autobiography and Other Recollections« hg. von Katherine Haramundanis, Cambridge 2010.

»Newton: Wie ein Arschloch das Universum neu erfand« von Florian Freistetter, München 2017.

Geschichte der Astronomie

»Im Haus der Weisheit: Die arabischen Wissenschaften als Fundament unserer Kultur« von Jim Al-Khalili, Frankfurt am Main 2011.

»Aristoteles in Oxford: Wie das finstere Mittelalter die moderne Wissenschaft begründete« von John Freely, Stuttgart 2014.

»The International Astronomical Union: Uniting the community for 100 years« von John Andersen, David Baneke und Claus Madsen, Berlin 2019.

»The Day We Found the Universe« von Marcia Bartusiak, New York 2009.

»Die Vermessung des Himmels: Vom größten Wissenschaftsabenteuer des 18. Jahrhunderts« von Andrea Wulf, München 2017.

»Parallax: The Race to Measure the Cosmos« von Alan Hirshfeld, Mineola 2001.

»Die Himmelsscheibe von Nebra« von Harald Meller und Kai Michel, Berlin 2018.

»The Sun Kings: The Unexpected Tragedy of Richard Carrington and the Tale of How Modern Astronomy Began« von Stuart Clark, Princeton 2007.

»2000 Jahre Weltuntergang: Himmelserscheinungen und Weltbilder in apokalyptischer Deutung« von Rudolf Drößler, Würzburg 1999.

»Die Suche nach der zweiten Erde: Illusion und Wirklichkeit der Weltraumforschung« von Erhard Oeser, Darmstadt 2009.

Planeten und Planetensysteme

»Planetenjäger: Die aufregende Entdeckung fremder Welten« von Reto Schneider, Basel 1997.

»Die Neuentdeckung des Himmels« von Florian Freistetter, München 2014.

»Wie ich Pluto zur Strecke brachte: und warum er es nicht anders verdient hat« von Mike Brown, Berlin/Heidelberg 2012.

»The Life of Super-Earths: How the Hunt for Alien Worlds and Artificial Cells Will Revolutionize Life on Our Planet« von Dimitar Sasselov, New York 2012.

Astronomische Anekdoten

»The Haunted Observatory« von Richard Baum, Amherst 2007.

»The Astronomical Scrapbook« von Joseph Ashbrook, Cambridge 1985.

»Starlight Detectives« von Alan Hirshfeld, New York 2014.

»Space Oddities: Our strange attempts to explain the universe« von S. D. Tucker, Stroud 2017.

Kosmologie, Schwarze Löcher und Gravitationswellen

»Gravity's Kiss: The Detection of Gravitational Waves« von Harry Collins, Cambridge 2017.

»Black Hole Blues and Other Songs from Outer Space« von Janna Levin, New York 2016.

»Black Hole: How an Idea Abandoned by Newtonians, Hated by Einstein, and Gambled On by Hawking Became Loved« von Marcia Bartusiak, New Haven 2015.

»Tunnel durch Raum und Zeit: Von Einstein zu Hawking: Schwarze Löcher, Zeitreisen und Überlichtgeschwindigkeit« von Rüdiger Vaas, Stuttgart 2012.

»Signale der Schwerkraft: Gravitationswellen: Von Einsteins Erkenntnis zur neuen Ära der Astrophysik« von Rüdiger Vaas, Stuttgart 2017.

»Das Echo der Zeit: auf den Spuren der Entstehung des Universums« von George Smoot und Keay Davidson, München 1995.

»Der Stoff aus dem der Kosmos ist« von Brian Greene, München 2006.

»Hawking in der Nussschale« von Florian Freistetter, München 2018.
»Quantum Space« von Jim Baggott, Oxford 2018.
»Vor dem Urknall« von Brian Clegg, Reinbek bei Hamburg 2012.
»Eine kurze Geschichte der Zeit« von Stephen Hawking, Berlin 1988.
»Das Universum in der Nussschale« von Stephen Hawking, Hamburg 2001.
»Das hässliche Universum« von Sabine Hossenfelder, Frankfurt am Main 2018.
»Sieben kurze Lektionen über Physik« von Carlo Rovelli, Reinbek bei Hamburg 2015.

Diverse astronomische Themen

»The Neutrino Hunters« von Ray Jayawardhana, New York 2013.
»Auf der Suche nach den ältesten Sternen« von Anna Frebel, Frankfurt am Main 2012.
»Die perfekte Theorie« von Pedro G. Ferreira, München 2019.
»Das 4 %-Universum: Dunkle Energie, dunkle Materie und die Geburt einer neuen Physik« von Richard Panek, München 2011.
»The Universe in a Mirror: The Saga of the Hubble Space Telescope and the Visionaries Who Built it« von Robert Zimmerman, Princeton 2008.
»Das Auge Gottes: Das Teleskop und die lange Entdeckung der Unendlichkeit« von Richard Panek, Stuttgart 2004.
»The Making of History' Greatest Star Map« von Michael Perryman, Berlin/Heidelberg 2010.
»Einstein's Telescope: The hunt for dark matter and dark energy in the universe« von Evalyn Gates, New York 2009.
»Asteroid Now: Warum die Zukunft der Menschheit in den Sternen liegt« von Florian Freistetter, München 2015.

Register